工业和信息化"十三五"物联网技术应用系列丛书

自动识别技术及应用

◎主　编　王伟旗　林　超

衣马木艾山·阿布都力克木

◎副主编　杨金勇　邹梓秀　苏志贤　施　璇

电子工业出版社·

Publishing House of Electronics Industry

北京·BEIJING

内 容 简 介

本书采用任务驱动模式编写，从自动识别技术的基本概念、一维码技术的应用、二维码技术的应用、低频 RFID 的应用、高频 RFID 的应用、超高频 RFID 的应用、NFC 的应用等方面介绍自动识别技术的相关概念。本书的重点在于让学生通过实训操作来了解自动识别技术的相关知识与技能体系。本书可作为职业院校物联网相关专业教材，也可以作为相关专业技术人员的参考资料。

图书在版编目（CIP）数据

自动识别技术及应用 / 王伟旗，林超，衣马木艾山·阿布都力克木主编. —北京：电子工业出版社，2019.4

ISBN 978-7-121-32766-7

Ⅰ. ①自… Ⅱ. ①王… ②林… ③衣… Ⅲ. ①自动识别—职业教育—教材 Ⅳ. ①TP391.4

中国版本图书馆 CIP 数据核字（2017）第 235771 号

责任编辑：白　楠
印　　刷：三河市君旺印务有限公司
装　　订：三河市君旺印务有限公司
出版发行：电子工业出版社
　　　　　北京市海淀区万寿路 173 信箱　邮编　100036
开　　本：787×1 092　1/16　印张：7.5　字数：192 千字
版　　次：2019 年 4 月第 1 版
印　　次：2024 年 8 月第 22 次印刷
定　　价：21.00 元

物联网被看作继计算机、互联网与移动通信网之后的又一次信息产业浪潮，将成为未来带动中国发展的生力军。2009 年，在美国前总统奥巴马与工商业领袖举办的圆桌会议上，IBM 首席执行官首次提出了"智慧地球"的构想。同年，欧盟发布了物联网研究战略路线图。在我国，物联网同样得到了高度重视，2010 年"两会"期间，物联网被写入政府工作报告，确立为国家五大战略新兴产业之一。

自动识别技术是应用一定的识别装置，通过被识别物品和识别装置之间的接近活动，自动获取被识别物品的相关信息，并提供给后台的计算机处理系统来完成相关后续处理的一种技术。射频识别（Radio Frequency Identification，RFID）技术作为当前最受人们关注的热点技术——自动识别技术之一，也是我国信息化建设的核心技术之一。RFID 的应用领域广泛，如门禁、身份证、票务、物流、食品溯源、电子标签等，它已经渗透到我们日常生活和工作的各个方面，极大地改变了我们的日常生活。

本书以项目为导向，以任务为驱动，并结合自动识别技术典型应用案例，介绍了各种自动识别技术原理。全书分为 7 个项目：项目一　自动识别技术的认知，描述自动识别技术的发展现状、趋势和基础知识；项目二　一维码技术的应用，分别选用智慧超市和物流软件作为项目背景，重点训练学生一维码应用能力；项目三　二维码技术的应用，分别选用智能溯源与拍码购物为项目背景，重点训练学生二维码识别与应用的能力；项目四　低频 RFID 的应用，选用低频 RFID 门禁系统与食堂管理系统作为项目背景，重点训练学生掌握低频 RFID 项目需求分析、针对低频卡的内部数据进行读写等技能；项目五　高频 RFID 的应用，选用停车场收费系统与公交卡管理系统作为项目背景，讲解高频 RFID 关键技术，重点训练学生针对高频卡的数据进行操作等技能；项目六　超高频 RFID 的应用，选用超高频 RFID 仓储系统、图书馆管理系统作为项目背景，重点训练学生掌握超高频 RFID 项目需求分析、针对超高频标签的内部结构数据进行读写等技能；项目七　NFC 的应用，选用进场支付为项目背景，重点训练针对学生 NFC 卡的读写操作与手机间通信等技能。

很多人觉得，只有先学习相关理论知识，才能理解自动识别技术并掌握其相关应用。本书很好地将 RFID 的相关理论知识融合到具体的任务中，学生在完成任务的过程中就掌握了相关技能和理论知识。

本书以自动识别技术及应用作为项目主线，串联各个典型应用项目，便于教师采用项目教学法引导学生展开自主学习，掌握、建构和内化知识与技能，强化学生自我学习能力的培养。

本书编写得到了北京新大陆时代教育科技有限公司、福州机电工程职业技术学校等各级领导的大力支持，在此表示感谢！此外，也向编写过程中参考的众多书籍和资料的作者和提供者一并表示感谢！

由于作者水平有限，书中难免有疏漏之处，敬请广大读者批评指正。

编　者

目　录
CONTENTS

项目一　自动识别技术的认知 ··· 1

1.1　自动识别技术的概念 ··· 2
1.2　自动识别技术在经济发展中的作用 ·· 4
1.3　自动识别技术的发展现状 ·· 7
1.4　物联网与自动识别技术的关系 ··· 12
1.5　条码识别技术 ··· 15
1.6　其他常用的识别技术 ·· 23

项目二　一维码技术的应用 ··· 27

2.1　认知智能储物柜 ··· 28
2.2　认识扫描枪 ·· 29
2.3　扫描枪的使用 ··· 30
2.4　条码扫描枪模式设置 ·· 32
2.5　"智慧超市"应用程序操作 ··· 35
2.6　一维码技术的原理介绍 ··· 38
2.7　手动绘制一维码 ··· 43
2.8　使用软件绘制一维码 ·· 44
2.9　智慧物流软件模拟场景操作 ·· 45

项目三　二维码技术的应用 ··· 47

3.1　二维码概述 ·· 48
3.2　二维码的分类 ··· 54
3.3　二维码的识读设备 ··· 57
3.4　二维码的生成 ··· 58
3.5　二维码的识别 ··· 59

项目四　低频 RFID 的应用 ··· 60

4.1　RFID 技术的相关知识 ·· 61
4.2　正确使用低频 RFID 识别设备 ·· 66

4.3　ID 卡和 IC 卡概述 ·· 68

4.4　认识低频 RFID 卡 ·· 72

4.5　T5557 卡 ·· 73

项目五　高频 RFID 的应用 ·· 75

5.1　高频 RFID 系统 ·· 76

5.2　高频 RFID 技术 ·· 78

5.3　高频 RFID 技术原理 ·· 80

项目六　超高频 RFID 的应用 ····································· 84

6.1　RFID 系统 ·· 85

6.2　超高频 RFID 读卡器 ·· 86

6.3　常用超高频 RFID 技术原理 ······························ 89

6.4　高频 RFID 与超高频 RFID 的应用比较 ··············· 93

项目七　NFC 的应用 ··· 96

7.1　NFC 技术 ·· 97

7.2　使用 NFC 读写器 ·· 99

7.3　NFC 工作模式 ·· 101

7.4　NFC 技术原理 ·· 101

7.5　公交支付系统 ·· 103

7.6　NFC 的应用 ··· 107

7.7　打开手机 NFC 的功能 ······································ 110

自动识别技术的认知

引导案例：拿着手机也能乘公交啦！

小新：陆老师，自动识别技术重要吗？

陆老师：自动识别技术是物联网体系核心的关键技术。

随着智能手机和电子支付的普及，越来越多的消费者已经开始习惯使用手机替代现金进行付款。近日，杭州市 506 路公交车率先采用了手机支付，解决了乘客乘车时既没公交卡又没带零钱的烦恼。乘客只要打开"支付宝"（9.9 或以上版本），进入"城市服务"，点击"公交支付"，将生成的二维码靠近公交扫码器扫码，听到"叮咚"的声音即表示已完成支付，扣款金额与投币金额一致，如图 1-1-1 所示。

图 1-1-1　利用手机支付乘坐公交车

本次杭州公交车扫码乘车项目采用了新大陆 NLS-EM20 系列条码识读引擎，同时还根据公交应用环境进行了深度优化定制，操作更便捷、反应更迅速。

本章重点：

- 掌握自动识别的基本概念；
- 了解常用的自动识别技术；
- 正确识别一维码和二维码的码制。

1.1 自动识别技术的概念

自动识别技术（Automatic Identification and Data Capture，AIDC）是应用一定的识别装置，通过被识别物品和识别装置之间的接近活动，自动获取被识别物品的相关信息，并提供给后台的计算机处理系统来完成相关后续处理的一种技术。自动识别技术主要包括条码识别技术、语音识别技术、射频识别技术、生物特征识别技术等，如图 1-1-2 所示。

图 1-1-2 常见的自动识别技术

自动识别技术将计算机、光、电等技术融为一体，与互联网、移动通信等技术相结合，实现了全球范围内物品的跟踪与信息的共享，从而给物体赋予智能，实现人与物体、物体与物体之间的沟通和对话，如图 1-1-3、图 1-1-4 所示。

图 1-1-3 自动识别技术装置模型

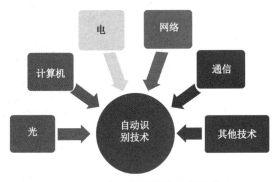

图 1-1-4 自动识别技术的相关技术

举例说明：商场的条形码扫描系统是一种典型的自动识别技术。售货员通过扫描仪扫描商品的条码，获取商品的名称、价格，输入数量，后台 POS 系统即可计算出该商品的价格，从而完成顾客的结算（图 1-1-5）。结算时，顾客可以采用刷银行卡的方式进行支付，银行卡支付过程本身也是自动识别技术的一种应用形式。

图 1-1-5　智能结算示意图

陆老师：同学们如果对自动识别技术还没有概念，没关系，请联想生活中的例子回答以下问题！

小新：陆老师，下面的图片都是啥？看不懂啊！

 动动手：判断图 1-1-6 所示场景中应用的技术是否属于自动识别技术。

（　　）

（　　）

（　　）

（　　）

（　　）

（　　）

（　　）

（　　）

图 1-1-6　生活中的各种场景

1.2 自动识别技术在经济发展中的作用

自动识别技术是为各行业领域的用户提供以自动识别与数据采集技术为主的信息化产品与服务的现代高新技术。它作为信息技术的一个重要分支，已成为推动国民经济信息化发展的重要基础和手段之一，其产业的发展对我国国民经济的发展和信息化建设起到了重要的作用。党的十六大报告中明确指出："以信息化带动工业化，优先发展信息产业，在经济和社会领域广泛应用信息技术。"国家"十五"规划纲要中明确指出："加强条码和代码等信息标准化基础工作。""十一五"规划中"RFID 产业发展专项"、"863"计划中"RFID 专项"的确立，都充分表明在经济全球化和我国加入 WTO 后的今天，自动识别技术产业的发展及技术应用的推广将在我国的经济建设中发挥举足轻重的作用。

1. 自动识别技术是国民经济信息化的重要基础和技术支撑

21 世纪是信息化高速发展的时代，中国要缩短与发达国家的差距，成为经济强国，必须利用现代信息技术打造数字化中国。自动识别与数据采集技术可以自动（非人工）获取项目（实物、服务等各类事物）的管理信息，并将信息数据实时输入计算机、微处理器、逻辑控制器等信息系统。它们已成为提高信息采集速度、准确度的最佳手段（图 1-2-1）。

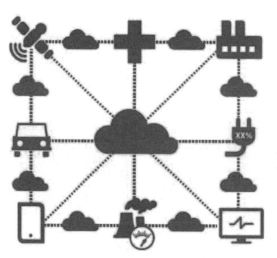

图 1-2-1　自动识别与数据采集技术的应用

（1）作为自动识别技术之一的条码技术，自 20 世纪 40 年代初进行研究开发，70 年代逐渐形成规模，近几十年来取得了长足的发展。条码技术具有信息采集可靠性高、成本低廉等特点，可以实现信息快速、准确的获取与传递，可以把供应链中的制造商、批发商、分销商、零售商及最终客户整合为一个整体，为实现全球贸易及电子商务提供一个通用的语言环境。在金融、海关、社保、医保等领域，也可以利用条码技术对顾客的账户和资金往来进行实时信息化管理，并随着电子货币的广泛应用，逐步实现资金流电子化。同时，条码技术的应用不仅使商品交易的信息传输电子化，也将使商品储运配送的管理电子化，从而为建立更大规模、更快捷的物流储运中心和配送网络奠定技术基础，最终及时、准确地完成电子商务的全过程。多年来，条码技术广泛应用于我国的零售业、进出口贸易、电子商务等领域，为国民经济的增长奠定了重要基础，并取得了显著的经济效益。

（2）射频识别技术（RFID）是一种非接触式的自动识别技术。它通过射频标签与射频读写器之间的感应、无线电波或微波能量进行非接触双向通信，实现数据交换，从而达到识别的目的。通过与互联网技术结合，可以实现全球范围内物品的跟踪与信息的共享。RFID 是继因特网和移动/无线通信两大技术大潮之后的又一次技术大潮。RFID 技术用于身份识别、资产管理、高速公路收费管理、门禁管理、宠物管理等领域，可以实现快速批量识别和定位，并根据需要进行长期跟踪管理；用于物流、制造与服务等行业，可以大幅度提高企业的管理和运作效率，并降低流通成本。随着识别技术的进一步完善和应用的广泛推进，RFID 产品的成本将迅速降低，其带动的产业链将成为一个新兴的高技术产业群。建立在 RFID 技术上的支撑环境，也将在提高社会信息化水平及加强国防安全等方面产生重要影响。

（3）生物特征识别技术是利用人体所固有的生理特征或行为特征来进行个人身份鉴定的技术。随着人们对社会安全和身份鉴别的准确性和可靠性需求的日益提高，以及生物特征识别技术装备和应用系统的不断完善，生物特征识别技术作为一门新兴的高科技技术正蓬勃发展。在我国，指纹识别、虹膜识别、掌纹识别等技术已开始在安全、金融等领域得到推广和普及。作为安全防范技术的三大主导技术之一，生物特征识别技术可以大大提升安全防范技术的技术层次。生物特征识别产业的发展将对保障我国的信息安全、经济秩序及反恐斗争等方面起到重要的助推作用。

举例说明：2016 年，深圳机场成为国内首家将人脸识别系统嵌入机场安检信息系统，实现两套系统一体化运行的机场。据了解，为提高机场安全服务保障能力，深圳机场自 2013 年转场以来，持续加大在提升安全服务品质方面的投入。自 2016 年 5 月起，深圳机场安检站、机场公安分局等单位在个别安检通道进行了人脸识别系统的试运行工作。在为期一个多月的试运行中，安检人脸识别系统无论在判别速度还是准确度上，都能够为安检验证员提供极大的帮助和参考。统计数据显示，最先嵌入该系统的国内安检 7、8 号通道，一个月内通过该系统检查发现冒用证件乘机旅客 10 人次，占机场安检站同期查获该类旅客总人数的近三成，系统在提升现场查验能力、有效甄别旅客是否冒用证件等方面显示了很强的专业性和实用性，如图 1-2-2 所示。

体感识别技术：使人们可以很直接地使用肢体动作与周边的装置或环境互动，而无须使用复杂的控制设备。

举个例子，当你站在一台电视前方，有某个体感设备可以侦测你手部的动作，此时如果我们将手分别向上、向下、向左及向右挥动，可用来控制电视节目的快进、倒退、暂停及停止，便是一个以体感操控周边装置的例子；或将这四个动作直接对应于游戏角色的动作，便可让人们得到身临其境的游戏体验，如图 1-2-3 所示。

其他关于体感技术的应用还包括 3D 虚拟现实、空间鼠标、游戏手柄、运动监测、健康医疗照护等，在未来都有很大的市场。

图 1-2-2 人脸识别安检信息系统

图 1-2-3 体感识别技术

2. 自动识别技术已成为我国信息产业的有机组成部分

目前，自动识别技术已渗透到各个行业，担任着不可或缺的重要角色。自动识别技术在各行业的应用有力地支持了传统产业的升级和改造，带动了其他行业的信息化建设，改变了过去"高增长、高能耗"的经济增长方式，节约了制造成本，增加了国民经济效益。同时，我国自动识别技术系列产品的创新和广阔的市场需求也将成为我国国民经济新的增长点。因此，自动识别技术产业的健康发展对于国民经济增长方式的转变和国民经济效益的增加，有着非常重要的作用。数字化宏观管理、政府的规划与决策，无不需要各领域数据的准确与及时来保障。自动识别技术在国民经济发展过程中的应用将成为我国信息产业的一个重要的有机组成部分，具有广阔的发展前景。

3．自动识别技术可提升企业供应链的整体效率

从企业层面上来讲，自动识别技术已经成为企业价值链的必要构成部分，是我国企业信息化的基石。自动识别技术具有提升传统产业的现代化管理水平、促进企业运作模式和流程的变革等作用。

自条码技术进入物流业和零售业以来，零售企业和物流企业的传统运作模式被打破，具有先进管理模式的现代零售企业（如超级市场、大卖场等）开始出现。企业可以及时获得商品信息，实现商品管理的自动化和库存的精确管理，最大限度地减少库存成本和人力成本，增强企业的综合竞争能力。

自动识别技术也为零售企业的规模扩张提供了技术支持。当今企业间的竞争已经不是单一企业之间的竞争，而是整个供应链间的竞争，而供应链上下游伙伴间信息的"无缝"连接，需要条码、射频识别等自动识别技术的支持。

近年来，EPC（4G 核心网络）的提出更是为射频识别技术在物流供应链管理中的应用提供了广阔的市场前景。EPC 代码作为产品信息沟通的纽带，通过识别承载 EPC 代码信息的电子标签，利用互联网、无线数据通信等技术，实现对整个供应链中物品的自动识别与信息交换和共享，进而实现对物品的透明化管理。EPC 是条码识别技术的拓展和延伸，它将成为信息技术和网络社会高速发展的一种新趋势。EPC 的发展不仅会给整个自动识别产业带来变革，而且还将对现代物流供应链管理、电子商务和国际经济贸易的运作模式产生影响，甚至给人们的日常生活和工作带来巨大而深远的影响。

> 在我国，自动识别技术的应用实例处处可见

1.3 自动识别技术的发展现状

1．自动识别技术的发展现状

自动识别技术在国外发展得较早也较快，尤其是发达国家具有较为先进、成熟的自动识别系统，而我国在 2010 年左右也实现了自动识别技术的产业化。美国的军品管理、中国的二代身份证（图 1-3-1）、中国的火车机车管理系统、日本的手机支付与近场通信等都是自动识别技术比较成功的大规模应用案例。

自动识别技术不是稍纵即逝的时髦技术，它已经成为人们日常生活的一部分，它所带来的高效率和方便性影响深远。

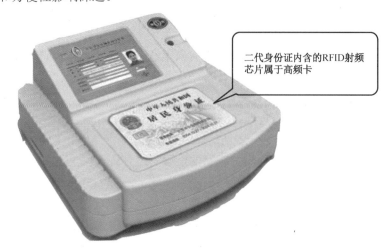

图 1-3-1　自动识别技术在二代身份证中的应用

 动动手：判断图 1-3-2 中所展示的技术是否属于自动识别技术。

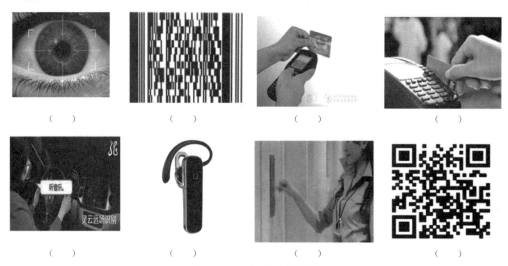

（　　）　　　　（　　）　　　　（　　）　　　　（　　）

（　　）　　　　（　　）　　　　（　　）　　　　（　　）

图 1-3-2　技术应用实例

2. 自动识别技术的发展趋势

信息已经成为当代和未来社会最重要的战略资源之一，人类认识和改造世界的一切有意义的活动都离不开信息资源的开发、加工和利用。信息技术的突飞猛进，使得它的应用已经渗透到各行各业、各门学科，极大地提高了社会的生产力水平，同时也促进了许多相关技术的飞速发展。识别技术、感测技术、通信技术、人工智能技术和控制技术等，都是以信息技术为平台向深度与广度飞速发展起来的。

自动识别技术包含多个技术研究领域，由于这些技术都具有辨认或分类识别的特性，且工作过程大同小异，故而构成一个技术体系。正如一条大河由许多支流组成一样，自动识别技术体系也是各种技术发展到一定程度后的综合体，这也从侧面印证了现代科学正由近代的"分析时代"向现代的"分析-综合时代"转变的特征。自动识别技术体系中各种技术的发展历程各有不同，但它们都是随着信息技术的需求与发展而发展起来的。

目前，自动识别技术发展很快，相关产品正向多功能、远距离、小型化、软硬件并举、信息传递快速、安全可靠、经济适用等方向发展，出现了许多新型技术装备；其应用也正在向纵深方向发展，面向企业信息化管理的、深层次的集成应用是未来应用发展的趋势。随着人们对自动识别技术认识的加深，其应用领域的日益扩大、应用层次的提高及中国市场巨大的增长潜力，为中国自动识别技术产业的发展带来了良机。

自动识别技术具有广阔的市场前景，各项技术各有所长。面对各行各业的信息化应用，自动识别技术将形成互补的局面，并将更广泛地应用于各行各业。

（1）多种识别技术的集成化应用。事物的要求往往是多样性的，而一种技术的优势只能满足某一方面的需求，这必然使人们将几种技术集成应用，以满足事物多样性的要求。

例如，使用智能卡设置的密码容易被破译（图 1-3-3），这往往会造成用户财产的损失。而新兴的生物特征识别技术与条码识别技术、射频识别技术相集成，诞生了一种新的、具有广泛生命力的交叉技术。利用二维码、电子标签数据储存量大的特点，可将人的生物特征（如指纹、虹膜、照片等）信息存储在二维码、电子标签中，现场进行脱机认证，既提高了效率，又节省了联网在线查询的成本，同时极大地提高了应用的安全性，实现了一卡多用。

图 1-3-3 智能卡应用实例

又如，对一些有高度安全要求的场合，须进行必要的身份识别，防止未经授权的人员进出，此时可采用多种识别技术的集成来实施不同级别的身份识别。如一般级别身份的识别可检查带有二维码的证件，特殊级别身份的识别可采用在线签名的笔迹鉴定，绝密级别身份的识别则可采用虹膜识别技术（存储在电子标签或二维码中，如图 1-3-4 所示）来保证其安全性。每种识别技术，其标识载体都可以存储大量的文字、图像等信息。

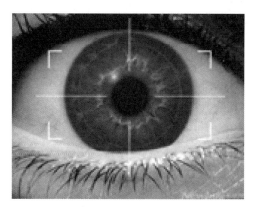

图 1-3-4 虹膜识别技术

RFID 和 EPC 技术的出现及推广应用将增进人们对自动识别技术的关注和认识，从而进一步加大对自动识别技术的需求。而条码识别技术作为成本低廉、应用便捷的自动识别技术，已形成了成熟的配套产品和产业链，它仍将是人们在多个领域采用自动识别技术的首选。国内的相关企业和专家正在研究 EPC 的编码技术与二维码相结合的应用，将 EPC 代码存储到二维码中，在不需要快速、多目标同时识读的条件下，解决单个产品的唯一标识和数据的携带；或将 EPC 编码存储在电子标签中，实现快速、多目标、远距离、同时识读。可以预见，未来几年，EPC 技术将给我国的条码、电子标签市场带来更大的拉动。

（2）与无线通信相结合是未来自动识别产业发展的主要趋势。自动识别技术与以 802.11b/g 为代表的无线局域网（Wireless LAN，WLAN）技术、蓝牙技术、数字蜂窝移动通信系统（Global System for Mobile Communication，GSM）、通用无线分组业务（General Packet Radio Service，GPRS）、码分多址（Code-Division Multiple Access，CDMA）、全球定位系统（Global Positioning System，GPS）及 3G 无线广域网数据通信技术的紧密结合，将引领未来发展的潮流。在数据采集及标签生成等设备上集成无线通信功能的产品，将帮助企业实现在任何时间、任何地点实时采集数据，并将信息通过无线局域网、无线广域网实时传输，通过企业后台管理信息系统对信息进行高效的管理。无线技术的应用将把自动识别技术的发展推向新的高潮。

手机识读条码识别技术的开发和应用成为条码识别技术应用的另一个亮点。目前，在日、韩等国，手机识读条码识别技术已开始较大规模的应用。近几年来，国内一些公司也开始涉足这一领域的研发和应用推广。随着该技术的进一步成熟，手机识读条码将在电子商务、物流、商品流通、身份认证、防伪、市场促销等领域得到广泛的应用。

此外，社会和企业需要管理、传输的数据量日趋庞大，且要求数据可以实现跨行业的交换。结合现代通信技术和网络技术搭建的数据管理和增值服务通信平台，将成为行业、企业数据管理和自动识别技术之间的桥梁和依托，使得政府和企业在信息化应用中的数据传输、通信、可靠性及网络差异等一系列问题得到有效的解决。

（3）自动识别技术将越来越多地应用于控制。智能化不断提高控制的基础在于信息，没有信息，就没有从信息加工出来的控制策略，控制就是盲目的，不能够达到控制的目的。信息不但是控制的基础，而且是控制的出发点、前提和归宿。

目前，自动识别的输出结果主要用来取代人工输入数据和支持人工决策，用于进行"实时"控制的应用还不广泛。当然，这与识别的速度还没有达到"实时"控制的要求有关。更重要的是，长期以来，管理方面对自动识别的要求更高。随着对控制系统智能化水平的要求越来越高，仅仅依靠测试技术已经不能全面地满足需要，所以自动识别技术与控制技术紧密结合的端倪开始显现出来。

在此基础上，自动识别技术需要与人工智能技术紧密结合。目前，自动识别技术还只是初步具有处理语法信息的能力，并不能理解已识别出的信息的意义。要使机器真正具有较高思维能力的机器，就必须使机器不仅具备处理语法信息（仅涉及处理对象形式因素的信息部分）的能力，还必须具备处理语义信息（仅涉及处理对象含义因素的信息部分）和语用信息（仅涉及处理对象效用因素的信息部分）的能力，否则就谈不上对信息的理解，而只能停留在感知的水平上。所以，提高信息的理解能力，从而提高自动识别系统处理语法信息、语义信息和语用信息的能力，是自动识别技术向纵深发展的一个重要趋势。

（4）自动识别技术的应用领域将继续拓宽，并向纵深发展。自动识别技术中的条码技术最早应用于零售业，此后不断向其他领域延伸和拓展（图1-3-5）。例如，目前，条码识别技术的应用市场主要集中在物流运输、零售和工业制造这三个领域，它们的市场份额已占到全球市场的 2/3 左右，并且在未来 5 年内，这种趋势还将继续。近年来，一些新兴条码识别技术的应用市场正在悄然兴起，如政府、医疗、商业服务、金融、出版业等领域的条码应用每年均以较高的速度增长。

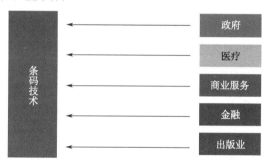

图 1-3-5　自动识别技术的应用领域

从条码应用的发展趋势来看，各国（特别是发达国家）正把条码识别技术的发展重点向生产自动化、交通运输现代化、金融贸易国际化、医疗卫生高效化、票证金卡普及化、安全防盗防伪保密化等领域推进。虽然我国在众多领域的条码识别技术的应用还相对薄弱，但这正是我国条码产业发展的大好时机。

举例说明：随着射频识别技术的发展和应用市场的开拓，13.56MHz 的 RFID 系统在国内获得了广泛的应用，如居民身份证、校园一卡通、电子车票等；更低频率的 RFID 系统，如电子防盗（EAS），也在商场、超市得到了广泛应用；在动物识别方面的应用已开始起步；在远距离 RFID 系统应用方面，以 915MHz 为代表的 RFID 系统在机动车辆的自动识别方面得到了较好的应用，尤其是在铁路系统中，中国具有国际上最先进、规模最大的铁路车号自动识别应用系统。

在我国推广 RFID 技术具有重要的意义。一方面，以出口为目的的制造业必须满足国际上关于电子标签的强制性指令；另一方面，RFID 的技术优势使人们有理由相信该技术在物流、资产管理、制造业、安全和出入控制等诸多领域的应用将改变上述领域信息采集手段落后、信息传递不及时和管理效率低下的现状，并产生巨大的经济效益。

从应用发展的趋势来看，两大主流自动识别技术，即条码识别技术与射频识别技术，有相互融合发展的趋势（条码与 EPC 相结合）。

（5）新的自动识别技术标准不断涌现，标准体系日趋完善。近年来，条码自动识别技术作为信息自动采集的基本手段，在物流、产品追溯、供应链、电子商务等开放环境中得到广泛应用。新的应用不断涌现，带动了新的条码识别技术标准不断出现，标准体系日趋完善。目前，企业的需求成为标准制订的动力，全球已形成标准化组织与企业共同制订国际条码识别技术标准的格局。近年来，国际标准化组织 ISO/IEC 的专门技术委员会发布了多个条码识别技术码制标准、应用标准。

射频识别技术无论在国内还是在国外，都是自动识别技术中最引人注目的新技术。当前，射频识别技术的标准化工作在国际上正在从纷争逐步走向规范。其典型的标志是 EPC global 体系的 EPC Cl Gen2 标准纳入 ISO/IEC18000-6，面向物品标识的 RFID 技术标准 ISO 18000 系列已经发布。国内在 RFID 的标准化方面也基本上开始远离纷争，正走向合作开发的道路。相关的产品标准已经制订了协会标准并公布实施。但从目前的现状来看，标准的制订工作还远不能满足技术开发与市场应用的需求。相关标准体系的建立将是我国 RFID 产业面临的重要课题。

对于生物特征识别技术，我们与国际水平还有一定的差距，市场还不完善，缺乏技术与市场需求的良性互动。其中，最关键的是缺乏行业应用与关键技术的统一规范与标准，从而制约了整个行业的良性发展。目前，社会公共安全行业（GA）已先后制订了指纹专业名词术语、指纹自动识别系统技术规范、数据交换格式、出入口控制系统技术要求，以及指纹锁、指纹采集器等 36 项行业标准。但这些标准主要是针对公安系统中的指纹识别技术，对于其他生物识别技术及产业化领域则属于空白。因此，生物识别技术的标准化工作迫在眉睫。

 动动手：列举生活中常见的自动识别技术应用场景。

_____、_____、_____、
_____、_____、_____。

1.4 物联网与自动识别技术的关系

1. 物联网概述

物联网是新一代信息技术的重要组成部分，也是"信息化"时代的重要发展阶段，其英文名称是：Internet of Things（IoT）。顾名思义，物联网就是物物相连的互联网。这有两层意思：其一，物联网的核心和基础仍然是互联网，是在互联网基础上的延伸和扩展；其二，其用户端延伸和扩展到了在任何物品之间进行信息交换和通信，即物物相息。物联网通过智能感知、识别技术与普适计算等通信感知技术，广泛应用于网络的融合中，也因此被称为继计算机、互联网之后世界信息产业发展的第三次浪潮。物联网是互联网的应用拓展，与其说物联网是网络，不如说物联网是业务和应用。因此，应用创新是物联网发展的核心，以用户体验为核心的创新 2.0 是物联网发展的灵魂。

2．物联网的体系结构

综合国内各权威物联网专家的分析，将物联网系统划分为感知层、网络层、应用层，并依此概括地描绘物联网的系统架构（图 1-4-1）。

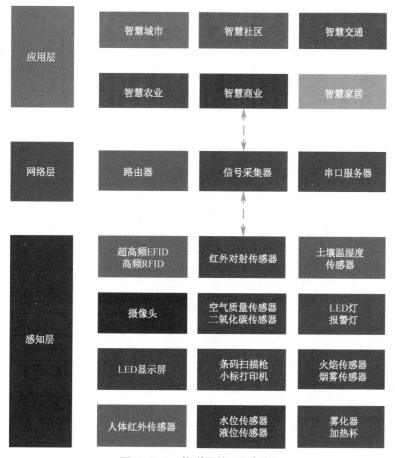

图 1-4-1　物联网的三层架构

感知层解决的是人类世界和物理世界的数据获取问题，由各种传感器及传感器网关构成。该层被认为是物联网的核心层，主要进行物品标识和信息的智能采集。它由基本的感应器件（如 RFID 标签和读写器、各类传感器、摄像头、GPS、二维码标签和识读器等基本标识和传感器件组成）及由感应器组成的网络（如 RFID 网络、传感器网络等）两大部分组成。该层的核心技术包括射频技术、新兴传感技术、无线网络组网技术、现场总线控制技术（FCS）等；涉及的核心产品包括传感器、电子标签、传感器节点、无线路由器、无线网关等。

网络层也称传输层，解决的是感知层所获得的数据在一定范围内（通常是长距离）的传输问题，主要实现接入和传输功能，是进行信息交换、传递的数据通路。它包括接入网与传输网两种。传输网由公网与专网组成。典型的传输网络包括电信网（固网、移动网）、广电网、互联网、电力通信网、专用网（数字集群）。接入网包括光纤接入、无线接入、以太网接入、卫星接入等各类接入方式，实现底层传感器网络、RFID 网络的最后一公里的接入。

应用层也称处理层，解决的是信息处理和人机界面等问题。网络层传输过来的数据在这一层里进入各类信息系统进行处理，并通过各种设备与人进行交互。处理层由业务支撑平台（中间件平台）、网络管理平台（如 M2M 管理平台）、信息处理平台、信息安全平台、服务支撑平台等组成，完成协同、管理、计算、存储、分析、挖掘及提供面向行业和大众用户的服务等功能；典型技术包括中间件技术、虚拟技术、高可信技术；云计算服务模式、SOA 系统架构方法等先进技术和服务模式可被广泛采用。

在各层之间，信息不是单向传递的，可进行交互、控制等；所传递的信息多种多样，包括在特定应用系统范围内能识别物品的唯一标识码和物品的静态与动态信息。尽管物联网在智能工业、智能交通、环境保护、公共管理、智能家庭、医疗保健等各个领域的应用特点千差万别，但是每个应用的基本架构都包括感知、传输和应用三个层次，各种行业和各种领域的专业应用子网都是基于三层基本架构构建的。

3．物联网的关键技术

物联网应用中有三项关键技术。

（1）传感器技术，这也是计算机应用中的关键技术。众所周知，到目前为止，绝大部分计算机处理的是数字信号。自从有计算机以来，就需要通过传感器把模拟信号转换成数字信号，这样计算机才能处理。

（2）RFID 技术也是一种传感器技术。RFID 技术是融无线射频技术和嵌入式技术为一体的综合技术，在自动识别、物流管理中有着广阔的应用前景。

（3）嵌入式系统技术是综合了计算机软硬件、传感器技术、集成电路技术、电子应用技术为一体的复杂技术。经过几十年的演变，以嵌入式系统为特征的智能终端产品随处可见，小到人们身边的 MP3 播放器，大到航空航天的卫星系统，嵌入式系统正在改变人们的生活，推动工业生产及国防工业的发展。如果用人体来比喻物联网，传感器相当于人体的眼睛、鼻子、皮肤等感官，网络相当于人体用来传递信息的神经系统，嵌入式系统则相当于人的大脑。这个例子很形象地描述了传感器、嵌入式系统在物联网中的位置与作用。

4．自动识别技术与物联网

自动识别技术是物联网中非常重要的技术。自动识别技术融合了物理世界和信息世界，是物联网区别于电信网、互联网等其他网络最独特的部分。自动识别技术可以对每个物品进行标识和识别，并可以将数据实时更新，是实现全球物品信息实时共享的重要组成部分，是物联网确定物体所在位置及相关统计信息的基础和关键。

自动识别技术是提高物联网效率的重要因素。随着人类社会步入信息时代，人们获取和处理的信息量不断加大。传统的信息采集是通过人工录入完成的，不仅劳动强度大，而且数据误码率高。怎样才能解决这一问题呢？答案是以计算机和通信技术为基础的自动识别技术。

自动识别技术是物联网信息安全的有力保障，物联网不仅要对物体进行统计与定位，还要进行识别。这种技术可以利用生物识别技术等实现。

动动手：

1. 综合本节的学习，请同学们判读自动识别属于物联网三个层次中的哪一层？并加以说明。

2. 判断并写出如图 1-4-2 所示设备属于物联网的哪一层？

感知层：_____

网络层：_____

应用层：_____

串口服务器	火焰传感器	智慧校园	刷卡器
条码扫描枪	烟雾传感器	智慧物流	PDA
RFID	智慧家居	路由器	读卡器

图 1-4-2 物联网的结构练习

1.5 条码识别技术

> 本任务的重点是学习条码技术的码制

1. 条码识别技术的概念

条码是由一组规则排列的条、空及对应的字符组成的标记。"条"指对光线反射率较低的部分，"空"指对光线反射率较高的部分，这些条和空组成的数据表达一定的信息，可用特定的设备识读，转换成与计算机兼容的二进制和十进制信息。通常对于每一种物品，它的编码是唯一的。对于普通的一维码来说，还要通过数据库建立条码与商品信息的对应关系，当条码数据传到计算机上时，由计算机中的应用程序对数据进行操作和处理。因此，普通的一维码仅用于识别信息，这是通过在计算机系统的数据库中提取相应的信息来实现的。

条码技术，是条形码自动识别技术（Barcode Auto-Identification Tech）的简称。条码技术是在当代信息技术基础上产生和发展起来的符号自动识别技术，它将符号编码、数据采集、自动识别、录入、存储信息等功能融为一体，能够有效解决物流过程中大量数据的采集与自动录入问题。条码技术广泛应用于商业、邮政、图书管理、仓储、工业生产过程控制、交通等领域。

条码技术有以下优点：

① 可靠、准确；

② 数据输入速度快；

③ 经济、便宜；

④ 灵活、实用；

⑤ 自由度大；

⑥ 不可复制（防伪）性。

2. 一维码基本码制

一维码是由平行排列的、宽窄不同的线条和间隔组成的二进制编码，这些线条和间隔根据预定的模式进行排列并表达相应记号系统的数据项。宽窄不同的线条和间隔的排列次序可以解释成数字或字母，可以通过光学扫描对一维码进行阅读，即根据黑色线条和白色间隔对激光的不同反射来识别。

码制即指条码条和空的排列规则。常用的一维码的码制包括：EAN 码、Code 39 码、交叉 25 码、UPC 码、MSI 码、128 码、Code 93 码及 Codabar（库德巴码）等，不同的码制有它们各自的应用领域。

（1）EAN 码。EAN 码是国际通用的符号体系，是一种长度固定、无含意的条码，所表达的信息全部为数字，主要应用于商品标识。

EAN 码分为两种类型：一种是标准版，另一种是缩短版。标准版表示 13 位数字，又称 EAN-13 码（图 1-5-1）；缩短版表示 8 位数字，又称 EAN-8 码（图 1-5-2）。两种码的最后一位为校验位，由前 12 位或 7 位数字计算得出。

图 1-5-1　EAN-13 码

图 1-5-2 EAN-8 码

EAN-13 码由左侧空白区、起始符、左侧数据符、中间分隔符、右侧数据符、校验符、终止符、右侧空白区及供人识别字符组成。

（2）Code 39 码和 Code 128 码。Code 39 码（图 1-5-3）和 Code 128 码（图 1-5-4）为目前国内企业内部自定义码制，可以根据需要确定条码的长度和信息。编码的信息可以是数字，也可以包含字母，主要应用于工业生产线领域、图书管理等。

图 1-5-3 Code 39 码

图 1-5-4 Code 128 码

（3）Code 93 码。Code 93 码（图 1-5-5）是一种类似于 Code 39 码的条码，它的密度较高，能够替代 Code 39 码。

图 1-5-5 Code 93 码

（4）ITF 码。ITF 条码又称交叉 25 码（图 1-5-6），主要用于运输包装，是印刷条件较差、不允许印刷 EAN-13 码和 UPC-A 码时选用的一种条码。交叉 25 码是有别于

EAN 码、UPC 码的另一种形式的条码。在商品运输包装上使用的主要是由 14 位数字、字符组成的 ITF-14 码。

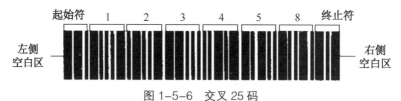

图 1-5-6　交叉 25 码

（5）MSI 码。Plessey 码是由英国 Plessey 公司研制的，并于 1971 年 5 月正式使用，主要用于图书管理中。一种变形的 Plessey 码又称 Anker 码，Anker 码在 EAN 码出现之前已被应用于欧洲销售领域中。后来 Plessey 码的基本编码规则被 MSI 数据公司采用，从而构造出 MSI 码，有时也称修改的 Plessey 码。MSI 码最早用于零售商品商标。

在 Plessey 码符号中，每个字符包括 4 个条和 4 个空，每个成对的条和空组成一个信息位。信息位"0"（逻辑值 0）由一个窄条和一个宽空组成；信息位"1"（逻辑值 1）由一个宽条和一个窄条组成。对于 Plessey 码和 Anker 码，宽元素大约是窄元素宽度的 4 倍宽，所以 Plessey 码和 Anker 码的每个字符需要 20 个单位元素宽度，可见其密度是很低的。一个完整的 Plessey 码由一个起始字符、若干个数据字符、一个校验字符、一个结束条、一个与超字符相反的终止字符及两侧静区组成。

对于 MSI 码，宽元素大约是窄元素宽度的 2 倍宽，所以一个 MSI 码的字符需要 12 个单位元素宽度，其密度比 Plessey 码和 Anker 码有所提高。一个完整的 MSI 码由一个起始字符、若干个数据字符、一个或两个校验字符、一个终止字符和两侧静区组成。

（6）常见一维码的外观特点。各种常见一维码的外观特点如图 1-5-7 和表 1-5-1 所示。

1. Code 39码：前后带两个符号

2. Code 128码：前后带不一样的符号

3. ITF码：上下各有一条横线

4. EAN 码：前后中间各有两条长度较长的线条

图 1-5-7　各种一维码比较

表 1-5-1　常见一维码的外观特点

一 维 码	外 观 特 点	条 码 示 例
Code 39 码	起始码和终止码固定为字符	*5363747*
Code 128 码	可表示较全面的字符（数字、字母和符号），同时每种编码通过 11 个黑白条模块的组合实现，终止符比较特殊，由 13 个模块组成	1245567&&
ITF 码（交叉 25 码）	分为带边框和不带边框两种类型（右图所示为带边框类型），开始模式为"窄条窄空-窄条-窄空-非条码字符"，结束模式为"宽条-窄空-窄条-非条码字"	01234567
EAN 码	由起始符开始、终止符结束，两种符号长度都比数据长	9874 6460
MSI 码	由起始符开始、终止符结束，宽元素的宽度大约是窄元素宽度的两倍	12345678

动动手： 根据任务二的学习内容，判断图 1-5-8 所示一维码属于哪种码制？

图 1-5-8　一维码应用实例

3．二维码的基本码制

二维码技术诞生于 20 世纪 40 年代初，但得到实际应用和迅速发展还是在近 20 年。近年来，随着资料自动收集技术的发展，用条形码符号表示更多资讯的要求与日俱增，而一维码最大资料长度通常不超过 15 个字元，故多用于存放关键索引值（Key），仅可作为一种资料标识，若要对产品进行描述，必须通过网络到资料库抓取更多的资料。因此在缺乏网络或资料库的状况下，一维码便失去意义。此外，一维码还有一个明显的缺点，即垂直方向不携带资料，故资料密度偏低。

要提高资料密度，又要在一个固定面积上印出所需资料，可用两种方法来解决。

（1）在一维码的基础上向二维码方向扩展。

（2）利用图像识别原理，采用新的几何形体和结构设计出二维码。前者发展出堆叠式（Stacked）二维码，后者则发展出矩阵式（Matrix）二维码，构成现今二维码的两大类型。

堆叠式二维码的编码原理是建立在一维码基础上的，将一维码的高度变窄，再依需要堆成多行，其在编码设计、检查原理、识读方式等方面都继承了一维码的特点，但由于行数增加，对行的辨别、解码算法及软件则与一维码有所不同。较具有代表性的堆叠式二维码有 PDF417 码（图 1-5-9）、Code 16K 码、Supercode 码、Code 49 码等。

图 1-5-9　PDF417 码

矩阵式二维码是以矩阵的形式组成，在矩阵相应元素位置上，用点（Dot）的出现表示二进制的"1"，不出现表示二进制的"0"，点的排列组合确定了矩阵码所代表的意义。其中点可以是方点、圆点或其他形状的点。矩阵码是建立在电脑图像处理技术、组合编码原理等基础上的图形符号自动辨识的码制，已不适合用"条形码"称之。具有代表性的矩阵式二维码有 DataMatrix 码（图 1-5-10）、Maxicode 码、Vericode 码、Softstrip 码、Code 1 码、Philips Dot Code 码等。

图 1-5-10　Data Matrix 码

图 1-5-11　AZTEC 码

二维码技术在 20 世纪 80 年代末期逐渐被重视，具有资料储存量大、信息随着产品走、可以传真影印、错误纠正能力强等四大特性，二维码在 90 年代初期已逐渐被使用。

二维码技术作为一种全新的信息存储、传递和识别技术，自诞生之日起就得到了许多国家的关注。据了解，美国、德国、日本、墨西哥、埃及、加拿大等国，不仅将二维码技术应用于公安、外交、军事等部门对各类证件的管理，而且也将其应用于海关、税务等部门对各类报表和票据的管理，商业、交通运输等部门对商品及货物运输的管理，邮政部门对邮政包裹的管理，工业生产领域对工业生产线的自动化管理。二维码的应用极大地提高了数据采集和信息处理的速度，改善了人们的工作和生活环境，为管理的科学化和现代化做出了重要贡献。

生活中最常用的二维码——QRCode 码（图 1-5-12），是由日本 Denso 公司于 1994 年 9 月研制的一种矩阵二维码符号，它除具有一维码及其他二维码所具有的信息容量大、防伪性强等优点外，还有以下三个优点。

① 超高速识读；

② 全方位识读；

③ 能够有效地表示中国汉字、日本汉字。

常见二维码的结构如图 1-5-13 所示。

图 1-5-12　QRCode 码

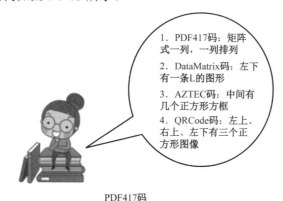

> 1. PDF417码：矩阵式一列，一列排列
> 2. DataMatrix码：左下有一条L的图形
> 3. AZTEC码：中间有几个正方形方框
> 4. QRCode码：左上、右上、左下有三个正方形图像

PDF417码

矩阵式的数据排列

DataMatrix码　　　　　AZTEC码

红色部分，L形的图像　　　红色部分，正方形方框

QRCode码

红色部分，正方形方框 →　　　← 红色部分，正方形方框

红色部分，正方形方框 →

图 1-5-13　常见二维码的结构

动动手： 判断二维码的码制。

根据任务二的学习内容，判断如图 1-5-14 所示的二维码属于哪种码制？

图 1-5-14　二维码应用实例

1.6　其他常用的识别技术

1. 生物特征识别技术

生物特征识别技术是指通过获取和分析人体的生物特征，来实现人的身份的自动鉴别。生物特征分为物理特征和行为特征两类。物理特征包括指纹、掌形、眼睛（视网膜和虹膜）、人体气味、脸型、皮肤毛孔、手腕、手的血管纹理和 DNA 等；行为特征包括签名、语音、行走的步态、击打键盘的力度等。

（1）声音识别技术。声音识别技术是一种非接触的识别技术。这种技术可以用声音指令实现的数据采集，其最大特点就是不用手和眼睛，这对那些采集数据同时还要手脚并用的工作场合尤为适用。目前，随着声音识别技术的迅速发展及高效可靠的应用软件的开发，声音识别系统在很多方面得到了应用。

（2）人脸识别技术。人脸识别技术，特指通过分析比较人脸视觉特征信息进行身份鉴别的计算机技术。人脸识别技术是一项热门的计算机技术研究领域，它包括人脸追踪侦测、自动调整影像放大、夜间红外侦测、自动调整曝光强度等。

（3）指纹识别技术。指纹是指人的手指末端正面皮肤上凹凸不平的纹线。纹线有规律地排列，形成不同的纹型。纹线的起点、终点、结合点和分叉点，称为指纹的细节特征点（minutiae）。由于指纹具有终身不变性、唯一性和方便性等特点，已经成为生物特征识别的代名词。

023

指纹识别是通过比较不同指纹的细节特征点来进行自动识别的。每个人的指纹均不同，即便同一个人十指的指纹也有明显区别，因此指纹可用于身份的自动识别。

2．图像识别技术

图像识别指图像刺激作用于人的感觉器官，进而辨认出该图像是什么的过程，也叫图像再认。

在信息化领域，图像识别技术是指利用计算机对图像进行处理、分析和理解，以识别各种不同模式的目标和对象的技术，例如地理学中指将遥感图像进行分类的技术。

图像识别技术的关键信息，既要包括进入感官（输入计算机系统）的信息，也要包括系统中存储的信息。只有通过将存储的信息与当前输入的信息进行比较、加工，才能实现对图像的再认。

3．磁卡识别技术

磁卡是一种磁记录介质卡片，由高强度、高耐温的塑料或纸质涂覆塑料制成，能防潮、耐磨且有一定的柔韧性，携带方便，使用较为稳定可靠。磁卡记录信息的方法是变化磁的极性，在磁性氧化的地方具有相反的极性，使之能够被解码器识别，这个过程称为磁变。一部解码器可以识读磁性变化，并将它们转换回字母或数字的形式，以便由计算机来处理。磁卡识别技术能够在小范围内存储较大量的信息，在磁卡上的信息可以被重写或更改。

4．IC 卡识别技术

IC 卡即集成电路卡，是继磁卡之后出现的又一种信息载体。IC 卡通过卡里的集成电路存储信息，并采用射频技术与支持 IC 卡的读卡器进行通信。射频读写器向 IC 卡发出一组固定频率的电磁波，卡片内有一个 LC 串联谐振电路，其频率与读写器发射的频率相同，这样在电磁波激励下，LC 谐振电路产生共振，从而使电容内有了电荷；在这个电容的另一端，接有一个单向导通的电子泵，将电容内的电荷送到另一个电容内存储，当所积累的电荷达到 2V 时，此电容可作为电源为其他电路提供工作电压，将卡内数据发射出去或接收读写器传来的数据。

按读取界面可将 IC 卡分为两种。

（1）接触式 IC 卡。该类卡通过将 IC 卡读写设备的触点与 IC 卡的触点接触后进行数据的读写。国际标准 ISO7816 对此类卡的机械特性、电气特性等进行了严格的规定。

（2）非接触式 IC 卡。该类卡与 IC 卡读取设备无电路接触，通过非接触式的读写技术进行读写（如光或无线技术）。卡内所嵌芯片除了 CPU、逻辑单元、存储单元外，增加了射频收发电路。国际标准 ISO10536 系列阐述了对非接触式 IC 卡的规定。该类卡一般用于使用频繁、信息量相对较少、可靠性要求较高的场合。

5．光学字符识别技术

光学字符识别技术（Optical Character Recognition，OCR），属于图像识别技术的一种，其目的是要让计算机知道它看到了什么，尤其是文字资料。

针对印刷体字符（如一本纸质的书），OCR 技术采用光学的方式将文档资料转换为原始黑白点阵的图像文件，然后通过识别软件将图像中的文字转换成文本格式，以便文字处理软件进一步编辑加工。

一个 OCR 识别系统，必须经过影像输入、影像预处理、文字特征抽取、比对识别，最后经人工校正将认错的文字进行更正，最后将结果输出。

6．射频识别技术

射频识别技术（RFID）是通过无线电波进行数据传递的自动识别技术，是一种非接触式的自动识别技术。它通过射频信号自动识别目标对象并获取相关数据，识别工作无须人工干预，可工作于各种恶劣环境。与条码识别技术、磁卡识别技术和 IC 卡识别技术等相比，它以特有的无接触、抗干扰能力强、可同时识别多个物品等优点，逐渐成为自动识别技术中最优秀和应用领域最广泛的技术之一。

动动手：运行"项目一\码制识别"目录中"条码随机生成器.exe"，完成码制识别测试。

一维码识别练习（图 1-6-1）：

图 1-6-1　一维码识别练习

二维码识别练习（图 1-6-2）：

图 1-6-2　二维码识别练习

综合测试（图 1-6-3）：

以下图片是什么码制生成的（内容为 9053291584）？请给出正确答案。

- QRCode
- DataMatrix
- AZTEC
- PDF417

提交答案进入下一题

图 1-6-3　条码综合练习

一维码技术的应用

项目二

小新：陆老师，超市都能有智慧啦？

陆老师：超市系统中大量用到了自动识别技术，使之更加具有智慧。

无论网上购物有多方便，超市依然是必不可少的生活场所，然而结账时收银台前那长长的队伍总是让人望而却步。近期，超市出现了自助收银机，顾客可以自己动手将所购买的商品逐一扫码结账，支付时不仅可以选择常规的银联卡等，还可以选择流行的微信或者支付宝等手机支付方式。只要打开手机相关软件，点击"付款"后将出现的一维码对准自助收银机的扫描窗口，便可轻松完成支付，再也不用随身携带钱包了。

本章重点：

- 掌握条码扫描枪的使用方法与技巧；
- 掌握一维码在商业应用软件中的应用；
- 掌握一维码的识别分类和特点；
- 掌握一维码的设计与制作方法；
- 掌握应用软件制作各种一维码的方法。

2.1 认知智能储物柜

某城市出现储物"新装备"——智能储物柜，通过扫码，可提供快速存放物品的服务。它的推出有效地减轻了人们逛街、游玩时双肩双手的压力，而且通过扫描一维码操作，免去了传统寄存柜触摸显示器、IC 卡等所需的大量硬件和维护成本，优化了用户体验。

小新：陆老师，智能储物柜是利用什么原理识别用户的呀？

陆老师：通过打印条码呀，我们拿着条码就可以识别用户了。

2.2 认识扫描枪

扫描枪一般由光源、光学透镜、扫描模组、模拟/数字转换电路和塑料外壳构成。它利用光电元件将检测到的光信号转换成电信号，再将电信号通过模拟/数字转换器转化为数字信号传输到计算机中处理。当扫描一幅图像时，光源照射到图像上，反射光穿过透镜会聚到扫描模组上，由扫描模组把光信号转换成模拟信号（电压，它与接收到的光的强度有关），同时指出那个像素的灰暗程度。然后，模拟/数字转换电路把模拟电压转换成数字信号，传送到电脑中。颜色用 RGB 三色的 8、10、12bit 来量化，即把信号处理成上述位数的图像输出。如果有更高的量化位数，意味着图像能有更丰富的层次和深度，但颜色范围已超出人眼的识别能力。对于我们来说，在可分辨的范围内，更高位数的扫描枪扫描出来的效果就是颜色衔接更平滑，能够看到更多的画面细节。

扫描枪作为与光学、机械、电子、软件应用等技术紧密结合的高科技产品，是继键盘和鼠标之后的第三代电脑输入设备。扫描枪自 20 世纪 80 年代诞生后，得到了迅猛发展和广泛应用，从最直接的图片、照片、胶片到各类图纸图形及文稿资料都可以用扫描枪输入到计算机中，进而实现对这些图像信息的处理、管理、使用、存储或输出。

1. 扫描枪的分类

扫描枪的种类很多，常见的有以下三种。

（1）手持式扫描枪。手持式扫描枪是 1987 年推出的产品，外形很像超市收银员拿在手上使用的条码扫描枪。手持式扫描枪绝大多数采用 CIS 技术，光学分辨率为 200dpi，有黑白、灰度、彩色多种类型，其中彩色类型一般为 18bit 彩色。也有个别高档产品采用 CCD 作为感光器件，可实现位真彩色，扫描效果较好。

（2）小滚筒式扫描枪。小滚筒式扫描枪是手持式扫描枪和平台式扫描枪的中间产品（这几年有新的产品形式出现，因为是内置电源且体积小，因此被称为笔记本扫描枪），这种产品绝大多数采用 CIS 技术，光学分辨率为 300dpi，分为彩色和灰度两种，彩色型号一般为 24bit 彩色。也有极少数小滚筒式扫描枪采用 CCD 技术，扫描效果明显优于使用 CIS 技术的产品，但由于结构限制，体积明显大于使用 CIS 技术的产品。小滚筒式扫描枪是将扫描枪的镜头固定，移动被扫描的物体通过镜头，就像打印机那样，被扫描的物体必须穿过机器，因此不可以太厚。这种扫描枪最大的好处就是体积小，但是使用起来有局限，例如只能扫描薄的纸张，尺寸还不能超过扫描枪的大小。

（3）平台式扫描枪。平台式扫描枪又称平板式扫描枪、台式扫描枪。目前，市面上大部分扫描枪都属于平板式扫描枪。这类扫描枪的光学分辨率为 300～8000dpi，色彩位数为 24～48bit，扫描幅面一般为 A4 或者 A3。平板式的好处在于像使用复印机一样，只要把扫描枪的上盖打开，无论书本、报纸、杂志、照片底片都可以放上去扫描，相当方便，而且扫描出的效果也是所有常见扫描枪中最好的。

除上述三种扫描枪外，还有大幅面扫描枪、笔式扫描枪、条码扫描枪、底片扫描枪、实物扫描枪（不是有实物扫描能力的平板扫描枪，类似于数码相机）等。

动动手：结合上述知识，请在如图 2-2-1 所示的图片横线处填写对应的设备名称。

图 2-2-1　几种常见扫描设备的外形

2．扫描枪的接口类型

扫描枪的常用接口有以下四种类型。

（1）SCSI 接口。SCSI 接口最大连接设备数为 8 个，最大传输速度是 40Mbps，速度较快，一般用于连接高速的设备。SCSI 设备的安装较复杂，在 PC 上一般要另加 SCSI 卡，容易产生硬件冲突，其优点是功能强大。

（2）EPP 接口。EPP 接口即增强型并行接口，它是一种增强了的双向并行传输接口，最高传输速度为 1.5Mbps。其优点是无须在 PC 中用其他卡，无限制连接设备数（只要有足够多的端口），设备的安装及使用较容易；缺点是速度比 SCSI 接口慢。因为此接口安装和使用简单、方便，在中低端对性能要求不高的场合可以取代 SCSI 接口。

（3）USB 接口。USB 接口即通用串行总线接口，最多可连接 127 台外设，USB1.1 标准的最高传输速度为 12Mbps，并且有一个辅通道用来传输低速数据。USB 接口具有热插拔功能，即插即用。此接口的扫描枪随着 USB 标准在英特尔公司的力推之下得到确立和推广，进而逐渐普及。

（4）无线接口。采用蓝牙接口的扫描枪，在一定范围内是不需要充电的。

2.3　扫描枪的使用

新大陆 nls-hr1030 手持式红光一维码扫描枪，其体积为 156.0mm×95.0mm×71.0mm（长×宽×高），如图 2-3-1 所示。

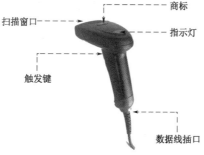

图 2-3-1 扫描枪实物图

扫描枪的使用如图 2-3-2 所示，其使用方法具体介绍如下。

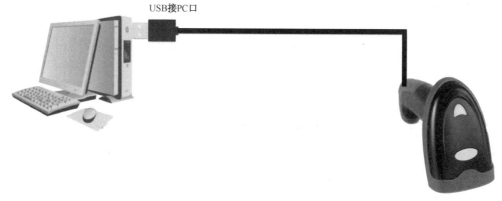

图 2-3-2 扫描枪的使用

1．用 USB 线连接主机

如果扫描枪接口不是 USB，则需要将原接口线拆下，更换为 USB 数据线。

（1）使用一根可插入扫描枪拆卸孔的针状物，如回形针，将其插入拆卸孔并用力压下（图 2-3-3）。

（2）将数据线轻轻地从扫描枪上拔出，然后，将针状物从孔中拔出。

（3）更换为 USB 数据线。

2．条码采集

条码采集可按以下步骤操作。

（1）按住触发键不放，激活照明灯和对焦灯，出现照明区域和对焦区域。

（2）将对焦区域对准条码中心并覆盖条码，调整扫描枪与条码之间的距离到可识读范围。

图 2-3-3　更换扫描枪数据线

（3）听到成功提示音响起，同时照明区域和对焦区域的灯熄灭，则读码成功，扫描枪将条码信息传输至主机。

需要注意的是：在识读过程中，扫描枪与条码的距离在某一范围内读码成功率会很高，此距离即为最佳识读距离。

3．故障处理

如果扫描枪不能正常工作，请先进行以下检查。

（1）检查数据线与主机是否恰当连接，包括数据线是否牢固连接及是否使用原装数据线。

（2）检查条码标签质量是否良好，扫描枪可能无法识读褶皱或污损的条码标签。

（3）检查扫描枪识读的条码类型是否已开启。若未开启，请先开启识读该类条码。

（4）如遇到高反光表面条码，可上、下倾斜 15° 后识读。

2.4　条码扫描枪模式设置

新大陆 nls-hr1030 手持式红光一维码扫描枪内置了设置模式的功能，可根据实际情况设置条码扫描枪的模式。

1．模式设置

模式设置（恢复初始化设置）的操作可按以下步骤进行。

（1）使用扫描枪，扫描启动设置码（图 2-4-1），响起"叮叮叮"的声音，启动设置码成功。

（2）使用扫描枪，扫描设置码（图 2-4-2），响起"叮叮叮"的声音，设置成功。

启动设置码

设置所有属性恢复出厂默认
【命令码：99900030】

图 2-4-1　启动设置码　　　　　　　　图 2-4-2　设置码

（3）使用扫描枪，扫描关闭设置码（图 2-4-3），响起"叮叮叮"的声音，关闭设置码成功。

关闭设置码

图 2-4-3 关闭设置码

2．串口模式设置

将扫描器设置为串口模式的操作步骤如下所示。

（1）使用扫描枪，扫描启动设置码（图 2-4-4），响起"叮叮叮"的声音，启动设置码成功。

（2）使用扫描枪，扫描 USB 虚拟串口功能码（图 2-4-5），响起"叮叮叮"的声音，设置成功。

启动设置码

USB虚拟串口功能
【命令码：99902301】

图 2-4-4 启动设置码   图 2-4-5 USB 虚拟串口功能码

（3）使用扫描枪，设置串口波特率（图 2-4-6），响起"叮叮叮"的声音，设置成功。

9600
【命令码：99902104】

1200
【命令码：99902101】

2400
【命令码：99902102】

4800
【命令码：99902103】

14400
【命令码：99902105】

19200
【命令码：99902106】

38400
【命令码：99902107】

57600
【命令码：99902110】

115200
【命令码：99902111】

图 2-4-6 设置串口波特率

（4）使用扫描枪，扫描关闭设置码（图 2-4-7），响起"叮叮叮"的声音，设置成功。

关闭设置码

图 2-4-7　关闭设置码

（5）运行"项目二\驱动.msi"，安装驱动，如图 2-4-8 所示。

📁 1. 智慧超市	2017/6/13 15:24	文件夹	
📁 2. 一维码绘制	2017/6/13 15:32	文件夹	
📁 3. 物流管理	2017/6/13 15:34	文件夹	
📄 HR100用户手册.pdf	2017/6/15 8:36	PDF 文件	2,550 KB
🔧 驱动.msi	2017/6/15 9:09	Windows Install...	7,148 KB

图 2-4-8　扫描枪驱动软件

扫描枪常用的设置码如图 2-4-9 所示。

允许识读Code 128
【命令码：99910002】

禁止识读Code 128
【命令码：99910001】

关闭解码声音
【命令码：99900130】

连续识读
【命令码：99900114】

设置所有属性恢复出厂默认
【命令码：99900030】

自动识读
【命令码：99900111】

图 2-4-9　扫描枪常用设置码

完整模式设置请参考"项目二/HR100 用户手册.pdf"资料文档。

　动动手：参考"项目二/HR100 用户手册.pdf"资料文档，将条码扫描枪设置成

如下模式：

（1）识读模式：自动识读模式

安全级别：4 级

解码声音：中频—洪亮

50ms 声长

条码参数：禁止识读 EAN-8

（2）USB 模式：USB 虚拟串口模式

波特率：9600bps

　动动手：运行项目二目录中的"智慧超市"应用程序，将条码扫描枪接入电脑

（图 2-4-10），完成 2.5 节的情景任务。

图 2-4-10 "智慧超市"应用程序运行界面

2.5 "智慧超市"应用程序操作

1. 商品管理

任务说明：使用"智慧超市"应用程序中的商品管理功能，添加表 2-5-1 中所列的商品，如图 2-5-1 所示。

表 2-5-1 商品的名称、条码、价格表

商 品 名 称	商 品 条 码	商品价格/元
牙膏	100000001	5.5
牙刷	100000002	10
杯子	100000003	20
椅子	100000004	30

图 2-5-1　添加商品界面

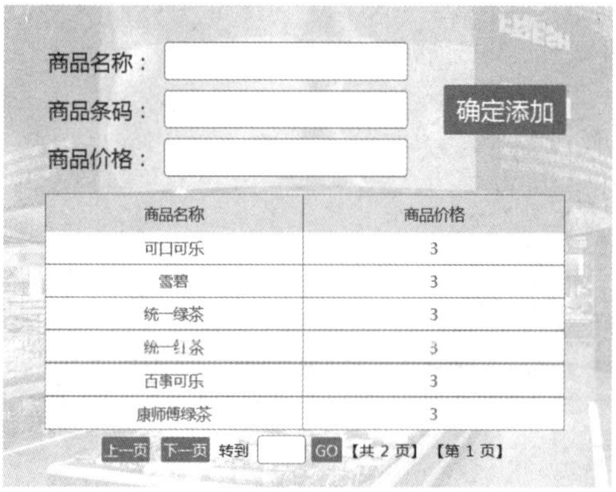

2. 商品入库

任务说明：使用"智慧超市"应用程序中的商品入库功能，录入表 2-5-2 中所列的商品，如图 2-5-2 所示。

表 2-5-2　商品的名称、条码、数量记录表

商 品 名 称	商 品 条 码	商品数量/个
牙膏	100000001	10
牙刷	100000002	5
杯子	100000003	20
椅子	100000004	3

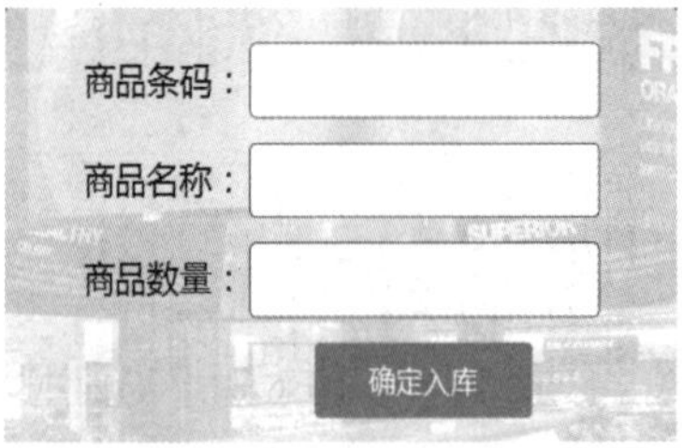

图 2-5-2　商品入库界面

3．商品销售

任务说明：使用"智慧超市"应用程序中的商品销售功能，销售表 2-5-3 中所列的商品，如图 2-5-3 所示。

表 2-5-3 商品的名称、条码、销售数量记录表

商 品 名 称	商 品 条 码	销售数量/个
牙膏	100000001	1
牙刷	100000002	2
杯子	100000003	4
椅子	100000004	1

图 2-5-3 商品销售界面

4．库存查询

任务说明：使用"智慧超市"应用程序中的库存查询功能，查询库存（图 2-5-4）。

图 2-5-4 商品库存查询界面

2.6 一维码技术的原理

2.6.1 一维码技术概述

一维码信息量大小的表示方法：条码信息靠条和空的不同宽度和位置来传递；信息量的大小是由条码的宽度和印制的精度决定的，条码越宽，包含的条和空越多，信息量越大，条码印制的精度越高，单位长度内可以容纳的条和空越多，传递的信息量越大，如图 2-6-1 所示。

通常，每一种物品的编码是唯一的。普通的一维码要通过数据库建立条码与商品信息的对应关系，当条码的数据传到计算机上时，由计算机上的应用程序对数据进行操作和处理。因此，普通的一维码在使用过程中仅用于识别信息，它的意义是通过在计算机系统的数据库中提取相应的信息而实现的。

例如，Code 39 码的每一个字符都是由九条不同排列的线条编码而得，见表 2-6-1。

图 2-6-1　一维码的结构

表 2-6-1　Code 39 码的字符编码方式

类　别	线　条　形　态	逻　辑　形　态	线　条　数　目
粗黑线	■	11	2
细黑线	▮	1	1
粗白线	⊓	00	2
细白线	⊓	0	1

（1）英文字母。26 个英文字母所对应的 Code 39 码逻辑值见表 2-6-2。

表 2-6-2　Code 39 码编码对应表（英文字母部分）

字　符	逻辑型态	字　符	逻辑型态
A	110101001011	N	101011010011
B	101101001011	O	110101101001
C	110110100101	P	101101101001
D	101011001011	Q	101010110011
E	110101100101	R	110101011001
F	101101100101	S	101101011001
G	101010011011	T	101011011001
H	110101001101	U	110010101011
I	101101001101	V	100110101011
J	101011001101	W	110011010101
K	110101010011	X	100101101011
L	101101010011	Y	110010110101
M	110110101001	Z	100110110101

（2）数字与特殊符号。Code 39 码也可表示数字 0～9 及特殊符号，其对应的逻辑值见表 2-6-3。

表 2-6-3　Code 39 码编码对应表（数字与特殊符号部分）

字　符	逻辑型态	字　符	逻辑型态
0	101001101101	+	100101001001
1	110100101011	-	100101011011
2	101100101011	*	100101101101
3	110110010101	/	100100101001
4	101001101011	%	101001001001
5	110100110101	$	100100100101
6	101100110101	.	110010101101
7	101001011011	空白	100110101101
8	110100101101		
9	101100101101		
0	101001101101		
1	110100101011		
2	101100101011		

2.6.2 二进制的基本知识

1．二进制的基本概念

二进制是计算机技术中广泛采用的一种数制。二进制数据是用 0 和 1 两个数字来表示的数。它的基数为 2，进位规则是"逢二进一"，借位规则是"借一当二"，由 18 世纪德国数理哲学大师莱布尼茨提出。目前计算机系统使用的基本上是二进制系统，数据在计算机中主要是以补码的形式存储的。

2．基本运算

二进制数算术运算的基本规律和十进制数的运算十分相似，最常用的是加法运算和乘法运算。下面介绍二进制的加法和减法。

二进制加法，有四种基本情况：

0+0=0	0+1=1	1+0=1	1+1=10

例题：

求二进制数$(1101)_2+(1011)_2$的和。

解：

```
  1 1 0 1
+ 1 0 1 1
-------------------
1 1 0 0 0
```

二进制减法，有四种基本情况：

0-0=0	1-0=1	1-1=0	10-1=1

2.6.3 一维码的识别原理

不同颜色的物体反射的可见光的波长不同，白色物体能反射各种波长的可见光，黑色物体则吸收各种波长的可见光。当条形码扫描器光源发出的光经过光栅及凸透镜 1，照射到黑白相间的条形码上后，反射光经凸透镜 2 聚焦，照射到光电转换器上。光电转换器接收到与白条和黑条相应的强弱不同的反射光信号，并转换成相应的电信号，输出到放大整形电路。整形电路把模拟信号转化成数字电信号，再经译码接口电路译成数字字符信息（图 2-6-2）。

图 2-6-2　一维码扫描原理示意图

白条、黑条的宽度不同，相应的电信号持续时间长短也不同。由光电转换器输出的与条形码的条和空相应的电信号一般仅 10mV 左右，不能直接使用，因而先要将光电转换器输出的电信号送到放大器放大。放大后的电信号仍然是一个模拟电信号，为了避免条形码中的疵点和污点导致信号错误，在放大电路后须加一个整形电路，把模拟信号转换成数字电信号，以便计算机系统能准确识读。

整形电路的脉冲数字信号经译码器译成数字、字符信息。它通过识别起始、终止字符来判别条形码符号的码制及扫描方向；通过测量脉冲数字电信号 0、1 的数目来判别条和空的数目；通过测量 0、1 信号持续的时间来判别条和空的宽度。这样便得到了被识读的条形码符号的条、空的数目、宽度和所用码制，根据码制所对应的编码规则，便可将条形码符号转换成相应的数字、字符信息，通过接口电路送给计算机系统进行数据处理与管理这就完成了条形码识读的全过程。

动动手：

1．用 4 位二进制数表示十进制数 0～15，并将答案填写在表 2-6-4 中。

表 2-6-4　二、十进制对应转换表

十 进 制 数	二 进 制 数	十 进 制 数	二 进 制 数
0		8	
1		9	
2		10	
3		11	
4		12	
5		13	
6		14	
7		15	

2．二进制数（101101）+（1101011）的和等于？

*知识概要

一个完整的条码包含：
（1）起始字符；
（2）数据字符；
（3）校验字符（部份条码无）；
（4）终止字符

一个完整条码的构成元素如图 2-6-3 所示。

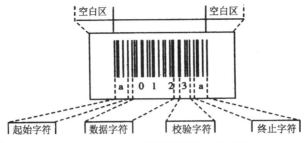

图 2-0-3　一个完整条码的构成元素

起始字符/终止字符是位于条码起始/终止位置的若干条码字符，以及由此字符生成的条码条空模块，用于界定条码的起始、终止位置，可以有效减少误码率，防止出错，如图 2-6-4 所示。

图 2-6-4　起始字符/终止字符

校验字符是对条码数据进行校验，防止条码数据错误的条码字符。拥有校验字符的条码，能极大地避免识读到错误信息，保证条码信息的正确性。

如图 2-6-5 所示的 EAN 码，最后一位即条码的校验字符。当条码识读设备识读到条码后，会对前面的条码数据按照一定的规则进行运算，生成一个字符，并与条码的校验字符进行比对，两者如果不符则说明条码有误，识读设备会将此信息丢弃，并重新尝试识读、解析。

图 2-6-5　校验字符

附加条码是附加信息的条码。

附加条码一般用于 UPC/EAN 码。由于 UPC/EAN 码只能表示商品种类信息，需要用附加条码表示价格等附加信息。

图 2-6-6　附加条码

2.7　手动绘制一维码

（1）Code 39 码的组成如图 2-7-1 所示。

　　　*　　数据间隔　　1　　数据间隔　　A　　数据间隔　　　*

100101101101　110100101011　110101001011　100101101101

图 2-7-1　Code 39 码组成示意图

（2）Code 39 码的组成规律

① Code 39 码每个字符由 12bit 二进制码组成；

② 每两个字符间须有一个数据间隔，即空白；

③ 开始与结束必须有*号数据；

④ 在两个*号字符中间插入数据；

⑤ 黑白线条的比例为 1：1，由 0 或 1 组合而成。

（3）在纸上绘制 Code 39 码，如图 2-7-2 所示。

图 2-7-2　绘制 Code 39 码

● 从浅黑色线条区开始绘制；

● 在虚线间绘制；

● 中间的浅黑线条为间隔符。

（4）注意事项

使用扫描枪扫描手绘的一维码时，如扫不出结果，可在扫描时左右摇晃或抬高扫描枪。

　动动手：请在图 2-7-3 的绘图区中手绘 Code 39 码。（每个条码有三次绘制机会）

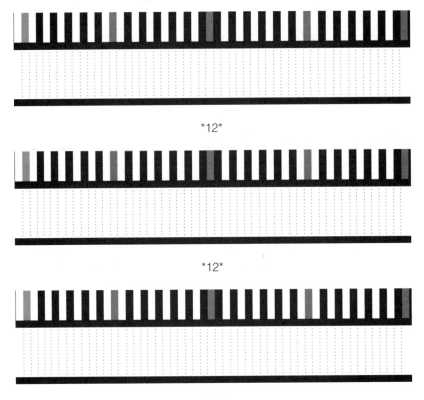

12

12

12

图 2-7-3　Code 39 绘图区

2.8　使用软件绘制一维码

运行"项目二"目录中的"一维码绘制 916"应用程序，如图 2-8-1 所示。

说明：

1、学生可根据第三行区域进行条码绘制

2、后台可生成不同码制的一维码图片

图 2-8-1　"一维码绘制 916"应用程序

软件分为三个功能区。

（1）条码组区域：条码组区域用于辅助绘制一维码图形。其中黑白条间隔共有12条，表示Code 39码的12个二进制数值。红色为间隔符，默认为空。

（2）操作区域：用户可在该区域绘制条码，区域中包含透明的辅助线。鼠标移入区域中时，区域的线条将显示红色方框，表示在该处绘制。单击鼠标左键时，"白色区域"将变成"黑色区域"，再次单击则反向显示白色，如下图2-8-2所示。

（3）生成一维码：一维码绘制完成后，单击"生成一维码"按钮，然后选择保存路径，可保存一维码。

图2-8-2　"一维码绘制916"应用程序（2）

动动手：使用一维码绘制软件，绘制下方的Code 39码（软件可绘制7bit一维码），并保存绘制的图形。

① *12345*　　② *abcde*　　③ *123ab*　　④ *&&ab1*
⑤ **123**　　⑥ *ab212*　　⑦ *abcaa*　　⑧ *^abb^ *

2.9 智慧物流软件模拟场景操作

动动手：运行"项目二"目录中智慧物流软件"Logistics.exe"，完成以下情景任务。

小明是某物流公司新入职的员工，他接到了两个物流配送单，需要其进行物流配送信息的维护。

1. 使用智慧物流软件中的发货功能完成表2-9-1所列商品的发货操作。物流发货界面如图2-9-1所示。

表2-9-1　物流记录单

货 品 名 称	条 码	第一站	第二站	第三站	第四站	收件人	备注
大型数控车床	100000001	北京	上海	杭州	福州	张三	
液晶电视	100000002	深圳	武汉	郑州	开封	李四	

图 2-9-1　物流发货界面

2．完成发货操作后，扫描表2-9-2中的条形码，跟踪记录商品。物流收货界面如图2-9-2所示。

表2-9-2　货物名称、条码信息记录表

货 品 名 称	条 码
大型数控车床	100000002
液晶电视	100000001

图 2-9-2　物流收货界面

二维码技术的应用

项目三

小新：下雨了，陆老师，您有没有多余的雨伞可以借给我？

陆老师：你可以扫二维码，借共享雨伞哦。

　　继共享单车、共享篮球之后，共享雨伞也来了。2017 年，广东省广州市推出了共享雨伞的试点服务。在公园前、鹭江、客村、沙园、广州塔、大学城北这 6 个地铁站的站厅，目前均设有共享雨伞的终端机器。第一批一共投放 1000 把雨伞，共享雨伞借还机设置在地铁闸口处，用户可以通过扫描二维码自行借、还。共享雨伞的使用方便快捷，用户只要通过微信登录，绑定个人相关信息并支付 20 元押金，即可进行租伞、还伞。每把雨伞使用 12 个小时内的费用为 1 元，超过 12 小时则酌情增加费用，芝麻信用积分超过 600 的用户还可免押金。之后，北京等地也纷纷推出共享雨伞服务，取得了很好的反响。

本章重点：

- 了解二维码的应用；
- 掌握二维码的识别方法；
- 了解二维码的编码规则和常用二维码的工作原理；
- 了解二维码的生成步骤。

3.1 二维码概述

二维码（2-dimensional bar code），又称二维码，是用特定的几何图形按一定的规律，在平面（二维方向）上组成黑白相间的图形，用来记录数据信息。二维码在代码编制上巧妙地利用了构成计算机内部逻辑基础的"0""1"比特流的概念，使用若干个与二进制对应的几何形体来表示文字数值信息，通过图像输入设备或光电扫描设备自动识读以实现信息自动处理。

二维码的研究始于 20 世纪 80 年代末，其简要发展历程如图 3-1-1 所示。二维码的信息密度比传统的一维码有了较大提高，它作为一种全新的信息存储、传递和识别技术，自诞生之日起就得到世界上许多国家的关注。我国对二维码技术的研究开始于 1993 年，随着我国市场经济的不断完善和信息技术的迅速发展，国内对二维码这一新技术的需求也与日俱增。

2010年，新大陆公司发布全球首款二维码芯片

1994年，日本Denso公司发明了现在最为常用的QRCode二维码

1992年，美国符号科技发明PDF417二维码

1982年，手持式镭射条码扫描器实用化

1967年，美国辛辛那提一家超市首先使用条码扫描器

1949年，美国发明用于食品自动识别领域的环形条形码

图 3-1-1　二维码的发展历程

1．二维码与一维码的区别

二维码是一种比一维码更高级的条码格式。一维码总是在一个方向（一般是水平方向）表示信息，在垂直方向则不表示任何信息，而二维码能够在水平和垂直两个方向同时表示信息；一维码只能由数字、字母组成，而二维码能存储汉字、数字、图片等信息；二维码存储的数据容量是一维码的几十倍。因此二维码的使用较一维码要广泛得多。

二维码技术是在一维码技术无法满足实际需求的前提下产生的。受信息容量限制，一维码通常是一串数字，是对物品的标识；而二维码是对物品的描述。所谓对物品的标识，就是指给某物品分配一个代码，代码只是物品的一个 ID，一维码在应用上必须依赖后台数据库。而二维码可以描述物品本身的各种特性，包括大小、颜色、重量等信息。一维码与二维码识读方式的区别如图 3-1-2 所示。

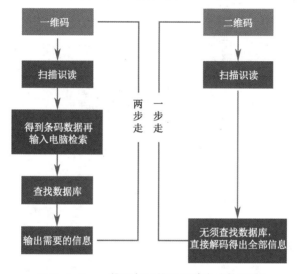

图 3-1-2 一维码与二维码识读方式的区别

2．二维码的特点

二维码的特点主要有以下四点。

（1）信息存储密度高，信息容量大。二维码可容纳多达 1850 个字母、2710 个数字、1108 个字节、500 多个汉字，比普通条码信息容量高几十倍（图 3-1-3）。

图 3-1-3 二维码与一维码信息存储密度对比

（2）纠错能力强。当二维码因穿孔、污损、缺失等原因引起局部损坏时（图 3-1-4），仍可正确识读，损毁面积达 50% 仍可恢复信息。

（a）污损　　　　　　　　（b）局部缺失　　　　　　　（c）穿孔

图 3-1-4　局部损坏的二维码

（3）编码范围广。二维码可以对图片、声音、文字、签字、指纹等数字化的信息进行编码（图 3-1-5）。

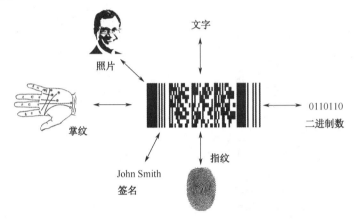

图 3-1-5　二维码的编码范围

（4）保密性、防伪性好（图 3-1-6）。

图 3-1-6　二维码的防伪特性

表 3-1-1　几种常见识别技术的区别

比较点	二 维 码	磁 卡	IC 卡	RFID
抗磁力	强	弱	中等	强
抗静电	强	中等	中等	强
抗损性	强 可折叠 可穿孔 可切割	弱 不可折叠 不可穿孔 不可切割	弱 不可折叠 不可穿孔 不可切割	中等 不可折叠 不可穿孔 不可切割

续表

比较点	二维码	磁卡	IC卡	RFID
影印性	可	不可	不可	不可
载体要求	无须加工制作	特别加工制作	特别加工制作	特别加工制作
识别方式	非接触式	接触式	接触式	非接触式
识别角度	多角度	单一	单一	全方位
传真性	可	不可	不可	不可
容量	7KByte	76 Byte	<100 Byte	3K Byte
成本	几乎零成本	3 元	15 元	10 元

3．二维码在应用中的优势

二维码的特点是以图像的形式为载体，以图片的方式进行传输，且传输过程不需要专用设备，其传输原理如图 3-1-7 所示。

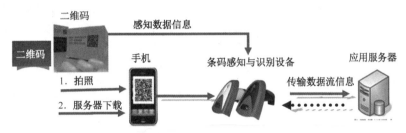

图 3-1-7　二维码的传输原理

（1）基于图形化，具有更高安全性。二维码是图形化信息载体，还可加入指纹、签字、算法等进行多重加密，在传输过程中无须额外的传输加密协议。因此，广泛应用在情报传递（商业、经济、军事情报）、有价票券防伪等领域（图 3-1-8）。

（a）二维码电子登机牌　　　　（b）二维码电子保单　　　　（c）政府机要文件

图 3-1-8　二维码的应用实例

（2）可以快速生成、快速传递。二维码可以通过软件快速生成，并通过网络快速传递到任何一个指定的手机或其他终端设备，也可以从任何一个终端设备，转发到另外一个终端设备。它广泛应用于电子票务、电子餐券、折扣券、会员管理等电子凭证业务（图3-1-9）。

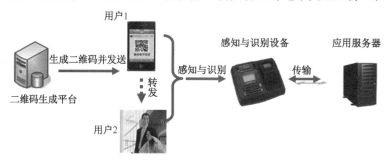

图3-1-9　二维码的灵活传递

（3）可以灵活快速地打印。二维码可以被快速地打印出来，因此广泛应用在税票、车票、支票等各种票据业务的管理和防伪上（图3-1-10）。

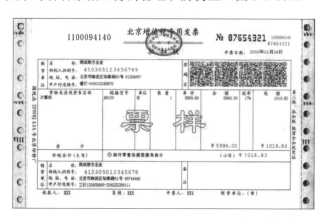

图3-1-10　二维码的易打印性

（4）在移动物联网下具有更多的商业模式。随着手机的普及和软硬件系统的升级，手机既可以作为二维码的载体，也可以通过安装软件作为二维码的感知与识别终端（图 3-1-11），使得更多的商业模式被创新，也使得物联网更深地融入我们的生活。

（a）电子商务　　　　　　　　（b）二维码路标　　　　　　　　（c）电子凭证

图3-1-11　二维码的各种商业应用模式

（5）零成本、强附着性、无处不在。

（6）对于一种码制而言，条码精度由模块的尺寸决定。模块尺寸越小，精度越高，所以条码精度通常以模块尺寸的值来表示（如 5mil，1mil = 0.025cm = 0.001 inch），如图 3-1-12、图 3-1-13 所示。通常 7.5mil 以下的条码称为高精度（有时也称密度）条码，15mil 以上的条码称为低精度条码，条码的精度越高，条码识读设备的性能（如分辨率）也越高。

图 3-1-12　堆叠式条码　　　　　　　　图 3-1-13　矩阵式二维码

高精度的条码通常用于标识小的物体，如精密电子元件；低精度条码一般用于远距离识读的场合，如仓库管理。

4．二维码的常用码制

在现有的几十种二维码中，常用的码制有 PDF417 码、QRCode 码、Code 49 码、Code 16K 码、DataMatrix 码等。

（1）Code 49 码。它是 1987 年由戴维阿利尔研制出的第一个二维码，与之前的一维码相比，具有更高的密度。

（2）Code 16K 码。它是 1988 年由特德威斯研制出的第二个二维码。

（3）DataMatrix 码。原名 Data Code，由美国国际资料公司于 1989 年开发，是一种矩阵式二维码，它的尺寸是目前所有条码中最小的。

（4）PDF417 条码。该条码是美国讯宝科技公司于 1990 年开发的，发明者是留美华人王寅君博士，意为"便携数据文件"。因为组成条码的每一个符号字符都由 4 个条和 4 个空共 17 个模块构成，所以称为 PDF417 码。

（5）QRCode 码。该条码是 1994 年由日本 DW 公司发明的，是目前最流行的二维码。它具有超高速识读，全方位识读，能够有效表示中国汉字、日本文字等特点。QR 是英文 Quick Response 的缩写，即快速反应的意思。QRCode 码广泛应用于工业自动化生产线管理、火车票、电子凭证等应用领域。

 动动手：生活中有哪些使用二维码的场景？请将其写在下面的横线上。

＿＿＿＿＿、＿＿＿＿＿、＿＿＿＿＿、＿＿＿＿＿

＿＿＿＿＿、＿＿＿＿＿、＿＿＿＿＿、＿＿＿＿＿

动动手： 使用手机软件识别二维码。

打开手机的扫描软件，如微信、QQ、支付宝，开启"扫一扫"功能，扫描图 3-1-14 所示的二维码，将扫描到的数字写在横线上：_____。

图 3-1-14　二维码

3.2　二维码的分类

二维码是利用图像识别原理，采用几何形体和结构设计出来的，可分为行排式（Stacked）二维码和矩阵式（Matrix）二维码两大类型。

图 3-2-1　两种不同类型的二维码

（1）行排式二维码，又称堆积式二维码或层排式二维码，其编码原理是建立在一维码基础之上的，将一维码的高度变窄，再按需要堆成多行。它在编码设计、校验原理、识读方式等方面继承了一维码的一些特点，识读设备、条码印刷与一维码技术兼容。代表性的行排式二维码有 PDF417 码、Code 49 码、Code 16K 码等，如图 3-2-2 所示。

PDF417码　　Code 49码　　Code 16K码

图 3-2-2　三种典型的行排式二维码

（2）矩阵式二维码，又称棋盘式二维码，它是在一个矩形空间内通过黑、白像素在矩阵中的不同分布进行编码的。

在矩阵式二维码中，出现方点、圆点或其他形状表示二进制"1"，不出现形状或点表示二进制的"0"，点的排列组合确定了矩阵式二维码代表的意义。矩阵式二维码是建立在计算机图像处理技术、组合编码原理等基础上的一种新型图形符号自动识读处理码制。

具有代表性的矩阵二维码有 QRCode 码、DataMatrix 码、MaxiCode 码、Vericode 码、Code One 码等，如图 3-2-3 所示，其中最常用的是 QRCode 码。

DataMatrix 码　　　　　　AZTEC 码　　　　　　QRCode 码　　　　　　汉信码

图 3-2-3　几种典型的矩阵式二维码

1. QRCode 码的特性

小新：这些二维码我只见过一种——QRCode码。

陆老师：在中国，QRCode 码使用的频率最高。

QRCode 码的特性主要有以下 6 点。

（1）360°识读。QRCode 码的三个角上有三个寻像图形，使用 CCD 识读设备来探测码的位置、大小、倾斜角度，并加以解码，实现 360°高速识读。

（2）识读速度快。每秒可以识读 30 个含有 100 个字符的 QRCode 码。

（3）容量密度大。可存储的数据类型与容量（指最大规格符号版本 40-L 级）：数字数据 7089 个字符；字母数据 4296 个字符；8 位字节数据 2953 个字符；中国汉字、日本汉字数据 1817 个字符。QRCode 码用数据压缩方式表示汉字，仅用 13bit 即可表示一个汉字，比其他二维码表示汉字的效率提高了 20%。此外微型 QRCode 码可以在 1cm 的空间内放入 35 个数字、9 个汉字或 21 个英文字母，可满足小型电路板对 ID 号码进行采集的需要。

（4）纠错等级高。QRCode 码具有 4 个等级的纠错功能，即使破损也能被正确识读。L 级：可纠错约 7%的数据。M 级：可纠错约 15%的数据。Q 级：可纠错约 25%的数据。H 级：可纠错约 30%的数据。

（5）抗弯曲性能强。QRCode 码中每隔一定的间隔配置有校正图形，根据码的外形推测校正图形中心点与实际校正图形中心点的误差来修正各个模块的中心距离，即使将 QRCode 码贴在弯曲的物品上也能够快速识读。

（6）可分割性。QRCode 码可以分割成 16 个 QRCode 码，可以一次性识读数个分割码，可满足印刷面积有限及细长空间印刷的需要。

2. QRCode 码的版本信息

QRCode 码共有 40 种版本，分别为版本 1、版本 2…版本 40。版本 1 的规格为 21 模块×21 模块（图 3-2-4），版本 2 为 25 模块×25 模块（图 3-2-5），以此类推，每一版本符号比前一版本每边增加 4 个模块，直到版本 40。最大规格为 177 模块×177 模块，如图 3-2-6 所示。

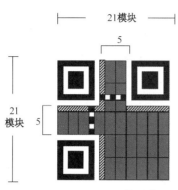

图 3-2-4 QRCode 码的版本 1

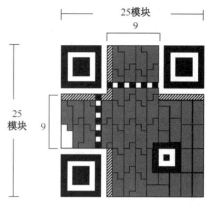

图 3-2-5 QRCode 码的版本 2

图 3-2-6 QRCode 码的版本 40

数据表示方法：深色模块表示二进制"1"，浅色模块表示二进制"0"。

掩模（固有）：可以使符号中深色与浅色模块的比例接近 1 : 1，使因相邻模块的排列造成译码困难的可能性降为最小。

寻像图形：寻像图形也称牛眼，它包括三个相同的位置探测图形，分别位于符号的左上角、右上角和左下角，如图 3-2-7 所示。每个位置探测图形可以看作由 3 个重叠的同心的正方形组成，它们分别为 7×7 个深色模块、5×5 个浅色模块和 3×3 个深色模块。符号中其他地方遇到类似图形的可能性极小，因此可以在视场中迅速地识别可能的 QRCode 码。识别组成寻像图形的三个位置探测图形，可以快速确定视场中 QRCode 码的位置和方向。

图 3-2-7 二维码的数据组成

以最流行的 QRCode 码 21×21 的矩阵为例，黑白区域在 QRCode 码规范中被指定为固定的位置，称为寻像图形（牛眼）和定位图形（牛眼间的连线）。牛眼和牛眼间的连线用于帮助解码程序确定图形中具体的符号坐标。黄色区域用于保存被编码的数据内容及纠错信息，蓝色区域用于标识纠错的级别和格式信息。

3.3 二维码的识读设备

二维码识读的基本原理是通过光学成像（或激光扫描）采集二维码图形，转换为数字，通过一个嵌入式系统，进行纠错、图形处理、解码运算，形成一组二值化数字输出，得到原始信息。

根据识读原理的不同，二维码的识读设备可分为以下三种。

（1）线性 CCD 和线性图像式识读器（Linear Imager），可识读一维码和行排式二维码（如 PDF417 码），如图 3-3-1 中所示的手机摄像头。

图 3-3-1　二维码的识读设备

（2）带光栅的激光识读器，可识读一维码和行排式二维码，可用于动车站检票处、超市收银处等。

（3）图像式识读器（Image Reader），可识读一维码和二维码。

根据外形和结构的不同，还可将二维码的识读设备分为如图 3-3-2 所示的种类。

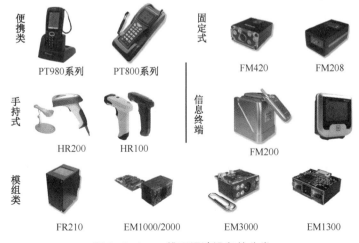

图 3-3-2　二维码识读设备的分类

3.4 二维码的生成

运行"项目三/二维码生成软件"目录下的"QR Dashi.exe"软件，单击"生成二维码"按钮，在软件操作界面录入相关信息并进行功能设定，即可生成对应的二维码（图 3-4-1）。二维码生成后，使用手机或电脑均可解析。

图 3-4-1　二维码生成软件界面

 动动手：生成二维码。

（1）使用二维码生成软件，根据下列信息生成名片二维码信息。

姓名：郑同学　　电子邮箱：xxxx1990@163.com

手机号码：13960232323　电话号码：3500008

传真号码：350000000　　联系地址：北京

主页地址：http://www.baidu.com/

公司名称：某某中职学校

职位名称：学生会主席

备注信息：无

纠错级别：中等－25%

（2）使用二维码生成软件，生成效果为"手机拍码完成后将跳转至 http://www.newland-edu.com"的二维码。

（3）使用二维码生成软件，生成 WIFI 的二维码。

3.5 二维码的识别

可以利用手机软件和电脑软件两种方式对二维码进行识别与解析。

（1）手机扫描识别。打开手机 APP 程序，如微信、QQ、支付宝等软件，对准要识别的二维码进行扫描，查看二维码存储的信息。

（2）电脑软件识别二维码。运行"项目三/二维码生成软件"目录下的"QR Dashi.exe"软件，单击"解码二维码"按钮（图 3-5-1），导入要解码的二维码图片（图 3-5-2），进行解码操作。

图 3-5-1 打开"解码二维码"软件

图 3-5-2 导入图片

低频 RFID 的应用

项目四

引导案例：刷卡可以直接开启地铁的闸门啦！

小新：陆老师，我们城市的地铁开通啦，地铁系统有用到自动识别技术吗？

陆老师：地铁系统中大量用到自动识别技术，如门闸就是使用了自动识别技术中的低频RFID技术。

　　2017 年 8 月，北京市地铁全线开通手机刷卡乘车功能，乘客出门不必携带公交 IC 卡，使用手机就可以乘坐北京现有 15 条地铁线路。需注意的是，刷卡乘车的手机必须具备 NFC 功能。之所以没有使用时下更加流行的二维码移动支付方式，是因为在公共交通出行领域，NFC 具有支付流程更短、速度更快的优点。

本章重点：

- 掌握低频 RFID 的特点；
- 掌握低频 RFID 系统的组成；
- 了解低频 RFID 卡的工作原理。

4.1 RFID 技术的相关知识

4.1.1 RFID 系统的组成

　　RFID 是一种无线通信技术，可以通过无线电信号识别特定目标并读写相关数据，而无须在识别系统与特定目标之间建立机械或光学接触。

　　RFID 系统由应答器、读写器和应用软件组成。

　　（1）应答器由天线、耦合元件及芯片组成。一般用标签作为应答器，每个标签具有唯一的电子编码，附着在物体上标识目标对象。

　　（2）读写器由天线、耦合元件、芯片组成，是读取（有时还可以写入）标签信息的设备，可设计为手持式读写器或固定式读写器。

　　（3）应用软件的主要作用是把收集的数据做进一步处理，并为人们所用。

 动动手：结合上述知识，请在图 4-1-1 中的横线上填写 RFID 相关设备的名称。

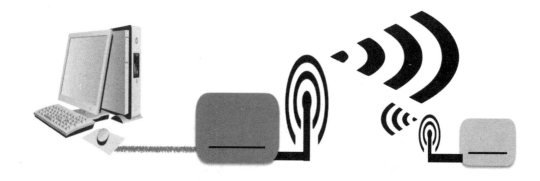

图 4-1-1　RFID 相关设备的名称

4.1.2 RFID 的性能特点

RFID 是一项易于操控、简单实用且特别适用于自动化控制的灵活性应用技术，可自由工作在各种恶劣环境下。短距离射频产品不怕油渍、灰尘、污染等恶劣的环境，可以替代条码，如用在工厂的流水线上跟踪物体；长距离射频产品多用于交通，识别距离可达几十米，如自动收费或识别车辆身份等。它不仅可以帮助一个企业大幅提高货物、信息管理的效率，还可以让销售企业和制造企业互联，从而更加准确地接收反馈信息，控制需求信息，优化整个供应链。

RFID 主要有以下几个方面的系统优势（图 4-1-2）。

图 4-1-2　RFID 的优势

（1）读取方便。RFID 在读取上并不受尺寸与形状的限制，无须为了精确读取而配合纸张的固定尺寸和印刷品质。RFID 标签更可往小型化与多样化的形态发展，以应用于不同产品。

（2）穿透性强，可做到无屏障阅读。RFID 数据的读取不需要光源，甚至可以透过外包装来进行。RFID 的有效识别距离很大，采用自带电池的主动标签时，有效识别距离可达到 30m 以上（图 4-1-3）。在被覆盖的情况下，RFID 能够穿透纸张、木材和塑料等非金属或非透明的材质，并可进行穿透性通信，而条码扫描机必须在近距离且没有物体阻挡的情况下，才可以识读条码。

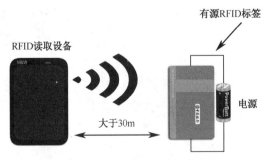

图 4-1-3　RFID 识读示意图

（3）识别速度快。标签一进入磁场中，读写器就可以即时读取其中的信息，而且能够同时处理多个标签，实现批量识别。

（4）数据容量大。数据容量最大的二维码（PDF417 码），最多也只能存储 2725 个数字，若包含字母，存储量则会更少；RFID 标签则可以根据用户的需要扩充到几十KByte。一维码的容量是 50Byte，二维码最大可储存 3000Byte；RFID 的最大容量则为几MByte。

（5）使用寿命长，应用范围广。传统条码的载体是纸张，因此容易受到污染；RFID对水、油和化学药品等物质具有很强的抵抗性。此外，由于条码是附于塑料袋或纸箱外包装上的，所以特别容易受到折损；而 RFID 标签是将数据存于芯片中，采用无线电通信方式，故可以应用于粉尘、油污等高污染环境和放射性环境，而且封闭式的包装使其寿命大大超过印刷的条码。

（6）标签数据可动态更改。现今的条码印刷上去之后就无法更改，而 RFID 标签却可以重复地新增、修改、删除储存的数据，方便信息更新。利用读写器可以向标签中写入数据，从而赋予 RFID 标签交互式读写数据文件的功能，而且写入时间比打印条形码更少。

（7）更好的安全性。RFID 标签不仅可以嵌入或附着在不同形状、类型的产品上，而且可以为标签数据的读写设置密码保护，从而具有更高的安全性。由于 RFID 承载的是电子信息，其数据内容可通过密码保护，使其内容不易被伪造及修改。

（8）动态实时通信。RFID 标签以每秒 50～100 次的频率与读写器进行通信，只要RFID 标签所附着的物体出现在读写器的有效识别范围内，就可以对其位置进行动态追踪和监控。

4.1.3　RFID 的产品分类

由 RFID 系统的组成可知，电子标签是射频识别系统的数据载体，由标签天线和标签专用芯片组成。电子标签的分类见表 4-1-1。

表 4-1-1　电子标签的分类

分 类 依 据	具 体 分 类
根据电子标签供电方式的不同	① 被动式标签（无源电子标签）； ② 主动式标签（有源电子标签）； ③ 半主动式标签（半有源电子标签）
根据电子标签工作频率的不同	① 高频电子标签； ② 超高频电子标签； ③ 低频电子标签

1．被动式标签（无源电子标签）

被动式标签没有内部供电电源，其内部集成电路由接收到的电磁波进行驱动，这些电磁波是由 RFID 读写器发出的。当标签接收到足够强度的信号时，可以向读写器发出数据。这些数据不仅包括 ID 号（全球唯一标识 ID），还包括预先存于标签内 EEPROM 中的数据。

由于被动式标签具有价格低廉、体积小巧、无须电源的优点，无源 RFID 是发展得最早、最成熟、市场应用最广的产品。现在市场上的 RFID 标签主要是被动式的，如公交卡、食堂餐卡、银行卡、宾馆门禁卡、二代身份证等，属于近距离接触识别类。其产品的主要工作频率有低频 125kHz，高频 13.56MHz，超高频 433MHz，超高频 915MHz，微波 2.45GHz、5.8GHz。

2. 主动式标签（有源电子标签）

主动式标签具有内部电源，用来供应内部 IC 所需电源以产生对外的信号（图 4-1-4）。一般来说，主动式标签拥有较长的读取距离和较大的存储容量，可以储存读写器所传送来的一些附加信息。

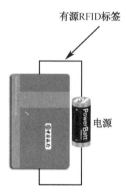

图 4-1-4　有源 RFID 标签示意图

有源 RFID 产品是最近几年慢慢发展起来的，其远距离自动识别的特性，决定了其巨大的应用空间和市场潜质。在远距离自动识别领域，如智能监狱、智能医院、智能停车场、智能交通、智慧城市、智慧地球及物联网等，有源 RFID 有重大应用。有源 RFID 在这个领域异军突起，产品的主要工作频率为超高频 433MHz、微波 2.45GHz 和微波 5.8GHz。

3. 半主动式标签（半有源电子标签）

一般而言，被动式标签的天线有两个任务：第一，接收读写器所发出的电磁波，来驱动标签 IC；第二，标签回传信号时，需要靠天线的阻抗作切换，才能产生 0 与 1 的变化。问题是，如果想要最好的回传效率，天线阻抗必须设计在"开路与短路"，这样又会使信号完全反射，无法被标签 IC 接收。半主动式标签就是为了解决这样的问题而设计的。半主动式类似于被动式，不过它多了一个小型电池，电力恰好可以驱动标签 IC，使得 IC 处于工作状态。这样的好处在于：天线不用负责接收电磁波，可充分用于回传信号。相比被动式，半主动式有更快的反应速度和更好的效率。

半有源 RFID 产品结合了有源 RFID 产品及无源 RFID 产品的优势，在低频 125kHz 频率的触发下，让微波 2.45GHz 发挥优势。半有源 RFID 技术也可以叫做低频激活触发技术，利用低频近距离精确定位、微波远距离识别和上传数据，来解决单一的有源 RFID 或无源 RFID 没有办法实现的功能。半有源 RFID 产品在门禁进出管理、人员精确定位、区域定位管理、周界管理、电子围栏及安防报警等领域有着很大的优势。

动动手： 区分图 4-1-5 中的 RFID 产品是有源 RFID 产品还是无源 RFID 产品，并将结果写在横线上。

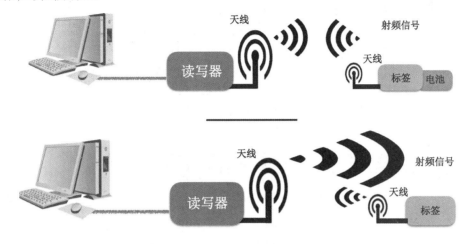

图 4-1-5　RFID 产品的应用实例

4.1.4　RFID 的工作原理

RFID 技术的基本工作原理并不复杂：标签进入磁场后，接收读写器发出的射频信号，凭借感应电流所获得的能量发送出存储在芯片中的产品信息（Passive Tag，无源标签或被动标签），或者由标签主动发送某一频率的信号（Active Tag，有源标签或主动标

签），读写器读取信息并解码后，送至中央信息系统进行数据处理。

一套完整的 RFID 系统，是由读写器、电子标签（应答器）及应用软件三个部分所组成。

RFID 产品读写器及电子标签之间的通信与能量感应方式，大致可以分成感应耦合及后向散射耦合两种。一般，低频 RFID 大都采用第一种方式，而较高频的 RFID 大多采用第二种方式。

读写器根据使用的结构和技术的不同可以是读或读/写装置，它是 RFID 系统的信息控制和处理中心。读写器通常由耦合模块、收发模块、控制模块和接口单元组成。读写器和应答器之间一般采用半双工通信方式进行信息交换，同时读写器通过耦合给无源应答器提供能量和时序。在实际应用中，可进一步通过 Interent 或 WLAN 等实现对物体识别信息的采集、处理及远程传送等管理功能。应答器是 RFID 系统的信息载体，应答器大多是由耦合原件（线圈、微带天线等）和微芯片组成无源单元的。

4.2 正确使用低频 RFID 识别设备

1. 认识低频 RFID 识别设备

如图 4-2-1 所示为 IC、ID 卡读卡器（LF 低频 125kHz 发卡器，串口读卡器），具有如下特点。

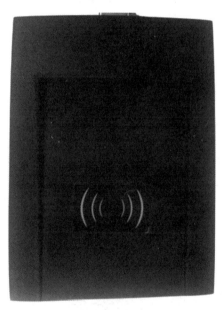

图 4-2-1　IC、ID 卡读卡器

（1）由电脑 USB 接口提供稳定的电源，无需外接电源，并内置电源保护。

（2）有一个 LED 指示灯和一个蜂鸣器，刷卡时蜂鸣器响一声，指示灯闪一下。

（3）支持 TI 的电子标签 TI-RFID 和 PHILIPS 的 I.Code，以及其他符合 ISO 15693 标准的电子标签。

（4）被动读卡或刷卡时主动发出标准 10 位卡号，测试时可在"开始菜单"→"程序"→"附件"中打开超级终端进行接收，其他格式可定制。

（5）功耗 <0.2W，低功耗造就零故障。

（6）支持 Windows 95/98/2000/XP。

目前国内的流行读卡器的外形尺寸为 10.8cm×7.8cm×2.8cm（长×宽×高）。

2. 低频 RFID 识别设备的连接

（1）连接设备。将读卡器的 USB 插头插入电脑 USB 口，读卡器将"嘀嘀"响两声并闪灯一下，表示上电成功。连接示意图如图 4-2-2 所示。

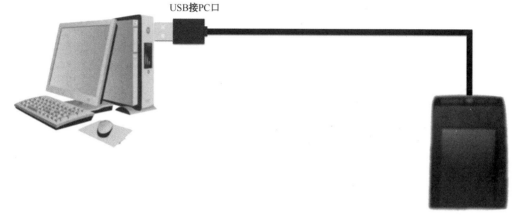

图 4-2-2　连接示意图

（2）安装设备驱动程序。运行"5.项目\驱动\CP210xVCPInstaller.exe"（图 4-2-3），单击"Install"按钮，安装 USB 转串口驱动程序（图 4-2-4）。安装成功后，可在计算机设备管理器中查看 COM 口状态（图 4-2-5）。

图 4-2-3　运行安装文件

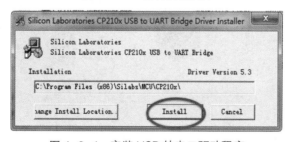

图 4-2-4　安装 USB 转串口驱动程序

图 4-2-5　查看 COM 口状态

4.3　ID 卡和 IC 卡概述

4.3.1　认识 ID 卡和 IC 卡

IC 卡、ID 卡是常见的智能卡，但是很多人并不清楚 IC 卡、ID 卡的区别是什么，下面我们一一介绍。

目前，感应式 IC 卡与 ID 卡随着生产成本的降低及技术的成熟，应用越来越广，其优越性越来越为社会所广泛接受。许多单位、公司、智能小区或楼宇的发展商都要开发一卡通的项目，但是对于采用 IC 卡还是 ID 卡，他们还存在着疑惑和认识上的误区。

1．认识 ID 卡

ID 卡全称为身份识别卡（Identification Card），是一种不可写入的感应卡，如图 4-3-1。ID 卡出厂时，芯片内码号就已经固化不可更改，每次使用只是读取 ID 卡的卡号和相关信息进行关联。ID 卡与磁卡一样，都只使用了"卡的号码"而已，无任何保密功能，其"卡号"是公开、裸露的，所以说 ID 卡就是"感应式磁卡"。其种类主要有中国台湾 SYRIS 的 EM 格式，美国的 HID、TI、MOTOROLA 等。

图 4-3-1　常见的 ID 卡

ID 卡的外形尺寸一般为 85.5mm×54mm×0.80mm±0.04mm（高×宽×厚），市场上也存在一些厚卡、薄卡或异型卡。

2．认识 IC 卡

所谓 IC 卡就是集成电路卡，是继磁卡之后出现的又一种新型信息工具。IC 卡在有些国家和地区也称智能卡（smart card）、智慧卡（intelligent card）、微电路卡（microcircuit card）或微芯片卡等。它将一个微电子芯片嵌入符合 ISO 7816 标准的卡基中，做成卡片形式。目前 IC 卡已经十分广泛地应用于金融、交通、社保等很多领域。

按照 IC 卡与读卡器的通信方式，可将其分为芯片外露的接触式 IC 卡（图 4-3-2）、芯片内置的非接触式（感应式）IC 卡（图 4-3-3）和双界面 IC 卡。IC 卡芯片又分为可加密的逻辑加密卡和只具有存储空间的存储卡。

非接触式 IC 卡主要用于公交、轮渡、地铁的自动收费系统，也可用于门禁管理、身份证明和电子钱包等。

图 4-3-2　接触式 IC 卡

图 4-3-3　非接触式 IC 卡

4.3.2　IC 卡系统与 ID 卡系统的比较

小新：老师，ID 卡和 IC 卡最大的区别是什么？

陆老师：ID 卡不可存储数据，IC 卡可存储数据。

我们可针对以下 9 个方面，对 IC 卡和 ID 卡进行比较。

（1）安全性。IC 卡的安全性远大于 ID 卡。ID 卡内的卡号读取无任何权限要求，容易仿制。IC 卡内所记录数据的读取、写入均需相应的密码认证，甚至卡片内每个区有不同的密码保护，全面保护数据安全。IC 卡写数据的密码与读数据的密码可设为不同，提供了良好的分级管理方式，确保系统安全。

（2）可记录性。ID 卡不可写入数据，其记录的内容（卡号）只可由芯片生产厂一次性写入，开发商只可读出卡号加以利用，无法根据系统的实际需要制订新的号码。

IC 卡不仅可由授权用户读出大量数据，而且亦可由授权用户写入大量数据（如新的卡号、用户权限、用户资料等），IC 卡所记录的内容可反复擦写。

（3）存储容量。ID 卡仅记录卡号，而 IC 卡（如 Philips mifare1）可以记录约 1000 个字符。

（4）脱机/联网运行。由于 ID 卡内无内容，故其卡片持有者的权限、系统功能操作要完全依赖于计算机网络平台数据库的支持。而 IC 卡本身已记录了大量用户信息（卡号、用户资料、权限、消费余额等），完全可以脱离计算机平台运行，实现联网与脱机自动转换的运行方式，能够满足大范围使用、少布线的需求。

（5）一卡通扩展应用。ID 卡由于无记录、无分区，只能依赖网络软件来处理各子系统的信息，这就大大增加了对网络的依赖；在 ID 卡系统完成后，如果用户想要增加功能点，则需要另外布线，这不仅增加了工程施工难度，而且增加了不必要的投资。所以说，使用 ID 卡来做系统，无法进行系统扩展，无法实现真正的"一卡通"。

而 IC 卡的存储区分为 16 个分区，每个分区有不同的密码，具有多个子系统独立管理功能，如第一分区实现门禁、第二分区实现消费、第三分区实现员工考勤等，可充分满足一卡通的需要，并且可以做到完全模块化设计，用户要增加功能点，也无须再布线，只需要增加硬件和软件模块，这便于 IC 卡系统以后的升级扩展，实现平稳升级，减少重复投资。

（6）智能化系统的维护和运行。ID 卡在使用过程中存在一系列的限制。例如：发行了一张新的用户 ID 卡，就必须通过 ID 卡系统的网络，用人工方式将所有 ID 卡号一个个下载到各 ID 卡读卡控制器中，否则 ID 卡会被视为无效卡而不能使用；若要更改用户权限，则需要在每个 ID 卡控制器上输入有权限的 ID 卡号。又如：在系统投入使用后经常要新增 ID 卡，每新增一张卡或修改了某一张卡的权限，就必须在该卡可用的所有控制器上输入该卡号码，这大大增加了人工操作和维护的工作量与时间。另外，如果多几个一卡通子系统，或子系统稍大一点时，系统维护管理的复杂程度将呈几何级数倍增，会直接导致系统不能正常运行。

而采用 IC 卡的一卡通系统，IC 卡发行后，卡片本身就是一个数据信息载体，即使通信网络不通，读写控制器仍可实现脱机读写卡。如果要更改用户权限，可将用户权限直接写在 IC 卡内，新增用户更改权限时修改卡片即可，完全不必对各个控制器进行修改，从技术机制上避免了管理者更改每个控制器卡片使用权限的问题，达到了提高管理效率、实现智能化管理的目的。

（7）性价比。虽然 ID 卡及读卡器较 IC 卡及读卡器便宜，但从整个一卡通系统的构成（布线、结构组成）上看，两个系统的价格相当。但论及系统运行的稳定性、可靠性，IC 卡系统远高于 ID 卡系统，因此 IC 卡系统的性价比要远高于 ID 卡系统。

另外，考虑到当今各实施单位硬件环境不成熟，系统维护人员对电脑知识不够熟悉的现实情况，不可能建立或维护一套完备的网络系统，来支持 ID 卡一卡通系统的 24 小时不断网运转，所以，满足联网和脱机运行互相适应的智能 IC 卡一卡通系统是当今用户的唯一选择。

（8）一卡通行业有两个定论。

定论一：ID 卡不可能做成一卡通（如上所述）。

定论二：ID 卡不可能用于消费系统。

ID 卡不能用于消费系统的最大原因是"信用"问题。因为 ID 卡无密钥安全认证机制，且不能写卡，所以消费数据和金额只能全部存在电脑的数据库内，而电脑是靠物管人员来管理的，从道理上及机制上存在作弊空间。另外，如果因电脑问题导致消费数据崩溃，则会出现灾难性后果。

而 IC 卡消费系统，它的高可靠性、不可被破解符合 ISO9001 国际安全认证机制，而且因为"电子钱包"（即 IC 卡）就在用户手中，每笔消费金额都由用户自己"掌握"，所以说 IC 卡消费系统是极有"信用"的消费系统。当然，联网状态下，电脑内还存有与用户 IC 卡内一致的数据，对系统而言，这也是实现了双安全数据备份。

（9）IC 卡当成 ID 卡用的"奇怪"现象。有些 ID 卡设备、系统厂商，迫于 IC 卡的强大优势，对外也宣称它的系统可用 IC 卡，但其实与使用 ID 卡一样，仅用了 IC 卡公共区的卡号，并没有更改其 ID 卡的系统结构，更不具有 IC 卡所拥有的密钥认证、读写安全机制。所以，可推断出其仍是 ID 卡一卡通系统，与传统的 ID 卡系统相比只是更浪费资源、更具有欺骗性而已，并非真正具有 IC 卡一卡通系统的优势。

因其难以复制，故IC卡比ID卡更安全

4.3.3　IC 卡与 ID 卡的辨别

从外观上观察，钥匙扣卡和厚卡（图 4-3-4）一般都是 ID 卡。下面主要来区分 IC 薄卡和 ID 薄卡。

图 4-3-4　厚卡

在黑暗的地方用手电筒照向卡片,观察卡片里面的线圈,可以根据线圈的线径区分 IC 卡与 ID 卡。一般,ID 卡的线径为 3～8mm,IC 卡的线径为 1～2mm,如图 4-3-5 所示。

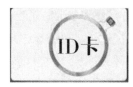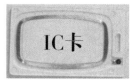

图 4-3-5　ID 卡和 IC 卡的线圈线径

最好的区分方法是同时拿两张卡片(一张 IC 薄卡和一张 ID 薄卡),用手电筒照一下,你就会明白是怎么回事,而且印象更加深刻。

动动手: 区分图 4-3-6 中的 RFID 产品是 IC 卡还是 ID 卡,并将结果填写在横线处。

图 4-3-6　区分 IC 卡和 ID 卡练习

4.4　认识低频 RFID 卡

1. RFID 工作频率的分类

从应用概念来说,射频标签的工作频率就是射频识别系统的工作频率。射频标签的工作频率不仅决定着射频识别系统的工作原理(电感耦合还是电磁耦合)、识别距离,还决定着射频标签及读写器实现的难易程度和设备的成本。

工作在不同频段或频点上的射频标签具有不同的特点。射频识别应用占据的频段或频点在国际上有公认的划分,即位于 ISM 波段之中。典型的工作频率有 125kHz、133kHz、13.56MHz、27.12MHz、433MHz、902～928MHz、2.45GHz、5.8GHz 等。

2．RFID 低频卡的工作频率

低频段射频标签简称低频标签，其工作频率范围为 30～300kHz，典型工作频率有 125kHz、133kHz。低频标签一般为无源标签，其工作能量通过电感耦合方式从读写器耦合线圈的辐射近场中获得。低频标签与读写器之间传送数据时，低频标签须位于读写器天线辐射的近场区内。低频标签的读写距离一般情况下小于 1m。

3．RFID 低频卡的特征

RFID 低频卡的特征主要有以下 7 点。

（1）工作在低频的感应器的工作频率一般为 120~134kHz，TI 的工作频率为 134.2kHz，该频段的波长大约为 2200m。

（2）除了金属材料外，低频卡一般能够隔着其他任意材料的物品工作而不影响它的读写距离。

（3）工作在低频的读写器在全球没有任何特殊的许可限制。

（4）低频产品有不同的封装形式。好的封装形式虽然价格较贵，但是有 10 年以上的使用寿命。

（5）虽然该频率的磁场区域下降很快，但是能够产生相对均匀的读写区域。

（6）相对于其他频段的 RFID 产品，该频段数据传输速率比较慢。

（7）感应器的价格相对于其他频段来说较贵。

4．RFID 低频卡的主要应用

RFID 低频卡主要应用在以下 7 个方面。
① 畜牧业的管理系统。
② 汽车防盗和无钥匙开门系统。
③ 马拉松赛跑系统。
④ 自动停车场收费和车辆管理系统。
⑤ 自动加油系统。
⑥ 酒店门锁系统。
⑦ 门禁和安全管理系统。

4.5 T5557 卡

1．认知 T5557 卡

T5557 卡（T557 电子标签）是美国 Atmel 公司生产的多功能非接触式 R/W 辨识集成电路，工作频率 100kHz～150kHz。芯片需要连接一个天线线圈，该线圈被视为芯片电路的电力驱动补给和双向信息的沟通接口，天线和芯片一起构成感应卡片或标签。T5557 卡被广泛应用于多种形式的身份识别，如交通旅游、医疗通信、教育娱乐等多样化的应用场合，卡片形式包括酒店门卡、健康保险卡、校园一卡通、企业/工厂考勤卡、加油卡、上网卡、就餐卡、游戏卡、学生成绩卡、电话卡、戏院卡、娱乐卡等。

2. T5557 卡的特征

T5557 卡的特征主要有以下 11 项。

（1）非接触方式的读/写数据传输。

（2）从 100 kHz 到 150 kHz 的无线电载波频率。

（3）与 e5550 产品兼容并扩展的应用模式。

（4）小容量，其结构与国际标准 ISO/IEC11784/785 相容。

（5）在芯片上掩模有 75pF 的谐振电容。

（6）包括 32bit 密码区在内的 7×32bit 的 EEPROM 存储空间。

（7）单独设置 64 bit 存储空间作为厂商可追溯的数据区。

（8）32-bit 配置寄存器在 EEPROM 中可进行如下设置。

① 数据速率：RF/2 到 RF/128 或 e5550 的固定值（通常使用在 RF/32 或 RF/64）。

② 调制/编译码：FSK、PSK、曼彻斯特、双相、NRZ（典型为曼彻斯特）。

③ 其他的选项：密码模式、最大区块特性、按请求回答（AOR）模式（默认值为 PASS＝0、MAXB＝7、AOR＝0）；反向数据输出、直接访问模式、序列终结符、写保护（每一块安全锁位）、OTP 功能等。

3. T5557 卡的存储体结构（图 4-5-1）

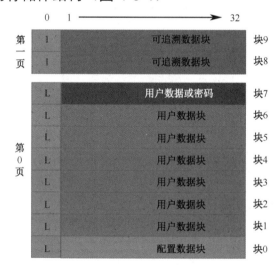

图 4-5-1　T5557 卡的存储体结构

存储体是 330bit 的 EEPROM，安排在 0 和 1 页的 10 个块中，每个块（包含被同时规划的 bit 锁块位）有 33bit。第 0 页有 8 个存储块，其中的块 0 包含配置/控制数据，在正常读操作期间是不被传输的。块 7 可以被用户当作写保护密码使用，与最大区块的显示值配合，可设置某些块值或第 7 块密码值不可见，只有知道密码的合法用户才能访问卡片中的数据块。每块存储体的位首，即第 0 位，是该块中的数据不可查看位，但可一次性改写的锁块控制位（即 OTP 特性，为安全起见，提供改写各块第 0 位的 OTP 功能）。第 1 页的块 1 和块 2 包含可追溯数据，并且被 Atmel 在制造测试期间进行数据规划并锁定。

高频 RFID 的应用

项目五

小新：陆老师，停车场管理跟自动识别有关系吗？

陆老师：智能停车大部分都是使用了高频 RFID 技术来实现的，俗称取卡停车。

　　停车场管理系统是通过计算机、网络设备、车道管理设备搭建的一套对停车场车辆出入、场内车流引导、收取停车费进行管理的网络系统，是专业车场管理公司必备的工具。它通过采集记录车辆出入、场内位置，实现车辆出入和场内车辆的动态与静态的综合管理。系统一般以射频感应卡为载体，通过感应卡记录车辆进出信息，通过管理软件完成收费策略实现、收费账务管理、车道设备控制等功能。

　　停车场采用感应卡停车管理系统，在停车场的出入口各设置一套出入口管理设备，使停车场形成一个相对封闭的场所，进出车辆只需将感应卡在读卡箱前轻晃一下，系统即能瞬时完成检验、记录、核算、收费等工作，挡车道闸自动启闭，实现方便快捷的停车场管理。

　　进场车主和停车场的管理人员均持有一张具有私人标识的感应卡，作为个人的身份识别，只有通过系统检验认可的卡片才能进行操作（管理卡）或进出（停车卡），充分保证了系统的安全性、保密性，有效地防止车辆失窃，免除车主的后顾之忧。

本章重点：

- 掌握高频 RFID 的特点；
- 掌握高频 RFID 系统的组成；
- 了解高频 RFID 卡的工作原理。

5.1 高频 RFID 系统

1．典型高频 RFID 系统的组成

典型的高频（HF，12.56MHz）RFID 系统包括读写器（Reader，也称阅读器）和电子标签（Tag）。

读写器包含高频模块（发送器和接收器）、控制单元及与卡连接的耦合元件。由高频模块和耦合元件发送电磁场，以提供非接触式 IC 卡所需要的工作能量，并且发送数据给卡，同时接收来自卡的数据。此外，大多数非接触式 IC 卡读写器都配有上传接口，以便将所获取的数据上传给另外的系统（个人计算机、机器人控制装置等）。

电子标签通常选用非接触式 IC 卡，全称集成电路卡或智能卡，可读写，容量大，有加密功能，数据记录可靠。IC 卡相比 ID 卡而言，使用更方便，目前已经大量应用于校园一卡通系统、消费系统、考勤系统、公交消费系统等实际场景。目前市场上使用最多的是 PHILIPS 的 Mifare 系列 IC 卡。

IC 卡由主控芯片 ASIC（专用集成电路）和天线组成。标签的天线只由线圈组成，很适合封装到卡片中。IC 卡的内部结构如图 5-1-1 所示。

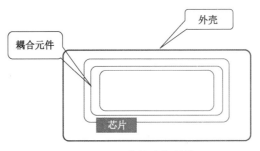

图 5-1-1　IC 卡的内部结构图

常见的高频 RFID 应用系统如图 5-1-2 所示，IC 卡通过电感耦合的方式从读卡器处获得能量。

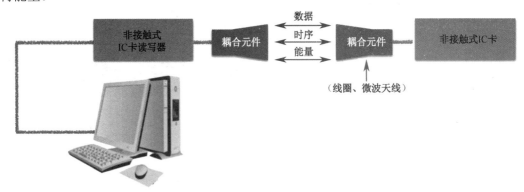

图 5-1-2　常见的高频 RFID 应用系统

2．高频电子标签和高频读写器

高频电子标签（可简称高频标签）的典型工作频率为 13.56MHz。高频标签一般以无源为主，其工作能量同低频标签一样，也是通过电感（磁）耦合方式从读写器耦合线圈的辐射近场中获得。高频标签的阅读距离一般小于 1m，该频率的感应器可以通过腐蚀或者印刷的方式制作天线。感应器一般通过负载调制的方式进行工作，也就是通过感应器上负载电阻的接通和断开，控制读写器天线上的电压发生变化，实现用远距离感应器对天线电压进行振幅调制。如果通过数据控制负载电压的接通和断开，那么这些数据就能从感应器传输到读写器中。

卡与设备需要贴近通信，但并非接触。

下面以 M2 系列读写器为例，介绍高频读写器的一些功能。

（1）产品介绍。M2 系列读写器（图 5-1-3）是深圳明华澳汉科技股份有限公司推出的一款外形时尚、性价比高的非接触式智能卡读写器。读写器有 USB 和串口两种接口，易于与电脑相连接，可应用于 14443 TypeA 标准卡片的一卡通系统，是公交运输、门禁、考勤、网络安全等应用领域的理想选择。读写器的操作方法简捷、方便，读写距离依非接触式标签的类别而定，该距离最大可达 125px，而且它体形小巧，可以很容易地安装在任何地方。

图 5-1-3　M2 系列读写器

（2）M2 系列读写器的相关参数见表 5-1-1。

表 5-1-1　M2 系列读写器的相关参数

功　　能	参　　数
通信接口	全速 USB（HID 无驱）或高速 RS232（9600～115200bps）
电源	USB 取电
支持系统	Windows 98、Windows NT、Windows 2003、Windows XP、WinMe、Windows Vista、Windows 7、Unix、Linux
非接触式卡片接口	支持协议：ISO/IEC 14443 TypeA
	支持卡型：Mifare Std 1K、4K CPU 卡等
	支持卡速率：106Kbps
	操作距离：≤5cm
SAM 卡接口	人机界面
	状态指示：LED 指示灯，指示电源与通信状态
	蜂鸣器：单调音、可编程控制
规格	外形尺寸：122mm×78mm×27mm
	重量：140 g
	工作环境：温度：0℃～50℃；相对湿度：10%～90%
性能特点	*USB 无驱通信
	*同类产品中，读写距离较远
	*可控蜂鸣器
	*符合 CE、FCC、RoHS

（3）M2 系列读写器与电脑的连接如图 5-1-4 所示。

图 5-1-4　M2 系列读写器与电脑连接

5.2　高频 RFID 技术

1. 高频 RFID 技术的特性

高频 RFID 技术具有以下七大特性。

（1）工作频率为 13.56MHz，该频率的波长约为 22m。

（2）除了金属材料外，它可以穿过大多数材料，但是往往会降低读取距离，电子标签需要离开一段距离。

（3）该频段在全球都可以得到认可，且没有特殊的限制。

（4）虽然该频率的磁场区域下降很快，但是能够产生相对均匀的读写区域。

（5）该技术具有防冲撞特性，可以同时读取多个电子标签。

（6）可以把某些数据信息写入标签中。

（7）数据传输速率比低频要快，价格不是很贵。

鉴于此，高频 RFID 技术在图书馆管理系统、瓦斯钢瓶的管理、服装生产和物流系统的管理和应用、三表预收费系统、酒店门锁的管理、大型会议人员通道系统、固定资产的管理系统、医药物流系统的管理和应用、智能货架的管理系统等方面得到了大量的应用。

2. 非接触式 IC 卡

IC 卡全称集成电路卡（Intergrated Circuit Card），又称智能卡（Smart Card），可读写，容量大，有加密功能，数据记录可靠，使用方便，可用于一卡通系统、消费系统等。

IC 卡按连接方式分为接触式和非接触式两种。接触式 IC 卡存在操作慢、环境适应性差、可靠性欠佳等问题。非接触式 IC 卡于 20 世纪 90 年代中期出现，又称射频卡，是射频识别技术和 IC 卡技术有机结合的产物，它解决了无源和免接触这一难题，是电子器件领域的一大突破。它主要用于公交、轮渡、地铁的自动收费系统，也应用于门禁管理、身份证明和电子钱包等领域。

非接触式 IC 卡可分为以下三种。

（1）射频加密卡（RF ID），通常称为 ID 卡。ID 卡不可写入用户数据，其记录的内容仅限卡号，只可由芯片厂一次性写入，开发商只可读出卡号加以利用，因此其卡片持有者的权限、系统功能操作要完全依赖计算机网络平台数据库的支持。目前，主要有中国台湾 SYRIS 的 EM 格式，美国 HID、TI、MOTOROLA 等各类 ID 卡。大多数学校使用的饭卡（厚度较大的）、门禁卡等属于 ID 卡。

（2）射频存储卡（RF IC），通常称为非接触式 IC 卡。射频存储卡是通过无线电来存取信息的。它在存储卡的基础上增加了射频收发电路，目前主要有 PHILIPS 的 Mifare 系列卡。一些城市早期使用的公交卡、部分学校使用的饭卡、热水卡等属于射频存储卡。

（3）射频 CPU 卡，（RF CPU）通常称为有源卡。CPU 卡拥有自己的片内操作系统 COS（Chip Operation System），是真正的智能卡，射频 CPU 卡在 CPU 卡的基础上增加了射频收发电路。大城市的公交卡、金融 IC 卡、极少数学校的饭卡属于射频 CPU 卡。

 动动手：在图 5-2-1 中的横线上填写适当的文字。

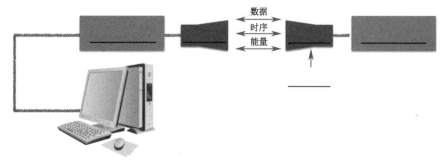

图 5-2-1　常见的高频 RFID 应用系统

5.3 高频 RFID 技术原理

M1 卡是封装了 M1 芯片（菲利浦公司的 NXP Mifare 1 系列芯片）的非接触式 IC 卡。它是可读写的多功能卡。下面以 M1 卡为例讲述高频 RFID 技术原理。

5.3.1 M1 卡内部结构与工作过程

M1 卡的整个电路（除线圈外）都集成在一个芯片内，芯片电路可以分为射频接口模块和数字电路模块两部分，其内部结构如图 5-3-1 所示。

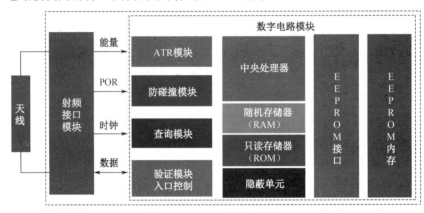

图 5-3-1 M1 的内部结构

1. 射频接口模块

射频接口模块由整流器、电压调节器、上电复位模块（POR）、时钟产生器、调制器及解调器等组成，主要有以下功能：

（1）为芯片内部各部分电路提供工作时所需的能量；

（2）提供 POR 信号，使各部分电路同步启动工作；

（3）从载波中提取电路正常工作所需要的时钟信号；

（4）将载波上的指令数据解调出来供数字电路模块处理，以及对待发送的数据进行调制。

2. 数字电路模块

（1）ATR 模块。当接收到读写器的 Request 命令后，芯片启动该模块，建立与读写器的通信。

（2）防碰撞模块（Anti Collision）。当多个电子标签同时位于读写器天线工作范围内时，此模块根据电子标签的序列号选择其中一个电子标签。

（3）查询模块（Select Application）。确认电子标签后，此模块进行读写器与电子标签之间的相互认证，只有通过相互认证，才能进行下一步的操作。

（4）中央处理器。此模块是芯片的控制中心，是中央处理器单元。

（5）RAM。配合中央处理器存储运算结果；动态存取 EEPROM 中的数据供中央处理器操作使用。

（6）ROM。固化电子标签所需要的程序指令存储器。

（7）EEPROM 内存。EEPROM 内存用于存放用户数据，可读可写。

（8）EEPROM 接口。访问 EEPROM 内存的控制接口。

3．M1 卡的工作过程

读写器发送 Request 命令给所有在天线场范围内的电子标签，通过防碰撞循环，得到一张卡的序列号后，选择此卡进行认证。通过认证后，对存储器进行操作，如图 5-3-2 所示。

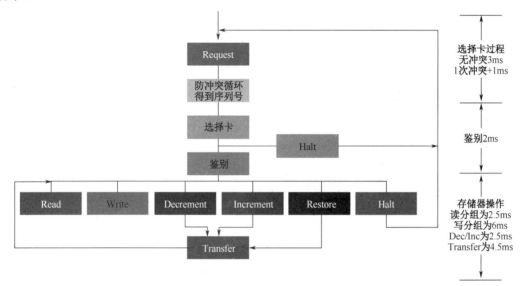

图 5-3-2　M1 卡的工程过程

M1 卡存储器的操作见表 5-3-1。

表 5-3-1　M1 卡存储器的操作

操 作 步 骤	操 作 内 容
Read	读存储器的一个分组
Write	写存储器的一个分组
Decrement	减少分组内容，并将结果存入存储器
Increment	增加分组内容，并将结果存入存储器
Transfer	将存储器的内容写入 EEPROM 的一个分组
Restore	将分组内容存入存储器
Halt	将卡置于暂停工作状态

5.3.2　M1 卡的存储结构

M1 卡共分为 16 个扇区，每个扇区由 4 个块（块 0、块 1、块 2、块 3）组成。我们将 16 个扇区的 64 个块按绝对地址编号为 0～63，其存储结构如图 5-3-3 所示。

（1）第 0 扇区的块 0（即绝对地址 0 块），用于存放厂商代码，已经固化，不可更改。

（2）每个扇区的块 0、块 1、块 2 为数据块，可用于存储数据。

数据块可作两种应用：

① 用于一般的数据保存，可以进行读、写操作。

② 可以进行初始化值、加值、减值、读值操作。

（3）每个扇区的块 3 为控制块，包括了密码 A、存取控制、密码 B，具体结构如图 5-3-4 所示。

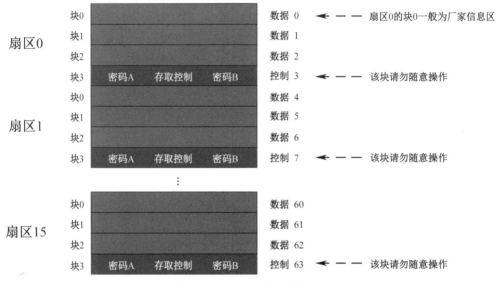

图 5-3-3　M1 卡的存储结构

密码A（6Byte）　　存取控制（4Byte）　　密码 B（6Byte）

图 5-3-4　控制块的存储结构

（4）每个扇区的密码和存取控制都是独立的，可以根据实际需要设定各自的密码及存取控制。存取控制为 4Byte，共 32bit，扇区中每个块（包括数据块和控制块）的存取条件是由密码和存取控制共同决定的。在存取控制中每个块都有相应的三个控制位，定义如下：

块 0：　　$C1_0$　　$C2_0$　　$C3_0$

块 1：　　$C1_1$　　$C2_1$　　$C3_1$

块 2：　　$C1_2$　　$C2_2$　　$C3_2$

块 3：　　$C1_3$　　$C2_3$　　$C3_3$

三个控制位以正和反两种形式存在于存取控制字节中，决定了该块的访问权限（如进行减值操作必须验证 KEY A，进行加值操作必须验证 KEY B，等等）。

（5）M1 卡中，每个扇区中的每个块可存储 16Byte 的内容，即 16×8=128bit。

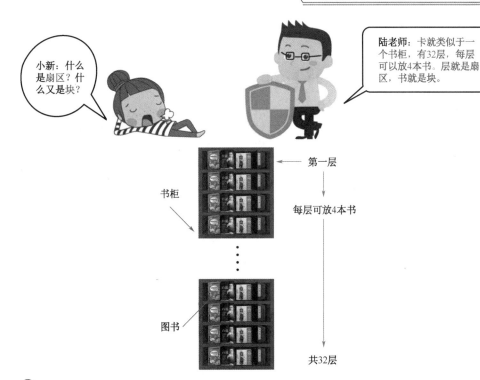

动动手： M1 S50 高频卡有 16 个扇区、64 个块，每个块可写入 16Byte，那么总共可写入多少字节，多少汉字？请写出计算方法与结果。

5.3.3　M1 射频卡与读写器的通信

（1）复位应答（Answer to request）

M1 射频卡的通信协议和通信波特率是定义好的，当有卡片进入读写器的操作范围时，读写器以特定的协议与它通信，从而确定该卡是否为 M1 射频卡，即验证卡片的卡型。

（2）防冲突机制（Anticollision Loop）

当有多张卡进入读写器操作范围时，防冲突机制会从其中选择一张进行操作，未选中的则处于空闲模式，等待下一次选卡，该过程会返回被选卡的序列号。

（3）选择卡片（Select Tag）

选择被选中卡的序列号，并同时返回卡的容量代码。

（4）三次互相确认（3 Pass Authentication）。

选定要处理的卡片之后，读写器就确定要访问的扇区号，并对该扇区密码进行密码校验，在三次相互认证之后就可以通过加密流进行通信（在选择另一个扇区时，必须进行另一个扇区的密码校验。）

（5）对数据块进行操作。

超高频 RFID 的应用

项目六

引导案例： 演唱会门票的防伪

小新：陆老师，演唱会的票会不会有假的？

陆老师：演唱会的票可以利用超高频标签实现防伪功能，这样就不会有假票出现啦！

为了提升演唱会门票的防伪功能，某次周杰伦演唱会推出了入场券、套票和防伪电子 RFID 三位一体的整体门票。也就是说，只有同时拥有了这三样东西，才能成功进入演出现场。主办方表示，采用该方法可以杜绝假票。

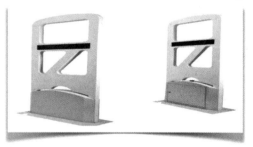

本章重点：

- 掌握超高频 RFID 的特点；
- 掌握超高频 RFID 系统的组成；
- 了解超高频 RFID 卡的工作原理；
- 掌握超高频 RFID 卡的使用方法。

6.1 RFID 系统

RFID 技术具有能一次读取多个标签、穿透性强、可多次读写、数据存储容量大，无源电子标签成本低、体积小、使用方便、可靠性强和寿命长等特点，得到了世界范围内的广泛应用。

1. 典型 RFID 系统的组成

典型 RFID 系统主要由读写器、电子标签、中间件和应用程序组成，如图 6-1-1 所示。

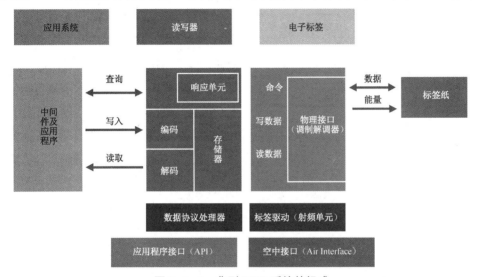

图 6-1-1　典型 RFID 系统的组成

2. RFID 系统的工作过程

RFID 系统的工作过程如图 6 1 2 所示，共有以下四步：

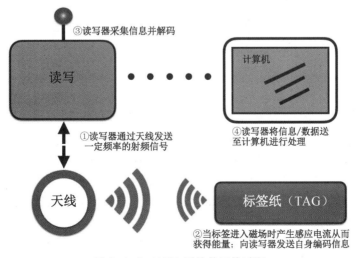

图 6-1-2　RFID 系统的工作过程

（1）读写器接入计算机后，通过天线发送一定频率的射频信号。

（2）当标签进入磁场时产生感应电流从而获得能量，接着向读写器发送自身编码等信息。

（3）读写器采集信息并进行解码。

（4）读写器将信息或数据送至计算机进行处理。

3．RFID 的主要频段和特性

根据频率的不同，可以将 RFID 分为低频、高频、超高频及微波 RFID，各频段 RFID 的特性见表 6-1-1。

表 6-1-1　各频段 RFID 特性

	低　频	高　频		超 高 频	微　波
工作频率	125～134kHz	13.56MHz	JM13.56MHz	868～915MHz	2.45～5.8GHz
市场占用率	74%	17%	2003 年引入	6%	3%
读取距离	1.2m	1.2m	1.2m	4m（美国）	15m（美国）
速度	慢	中等	很快	快	很快
潮湿环境	无影响	无影响	无影响	影响较大	影响较大
方向性	无	无	无	部分	有
全球适用频率	是	是	是	部分（欧洲，美国）	部分
现有 ISO 标准	11784/85，14223	18000-3.1/14443	18000-3/2 15693，A，B 和 C	EPC CO，C1，C2，G2	18000-4
主要应用范围	进出管理、固定设备、天然气、洗衣店	图书馆、产品跟踪、货架、运输	空运、邮局、医药、烟草	货架、卡车、拖动跟踪	收费站、集装箱

6.2　超高频 RFID 读卡器

1．认识特定型号的超高频 RFID 读卡器

如图 6-2-1 所示超高频 RFID 读卡器为 SRR 1100U 超高频桌面读写器，融合了先进的低功耗技术、防碰撞算法、无线电技术，抗干扰能力很强，可连续上电运行；提供符合 Windows 操作系统环境 DLL 库软件接口，极大缩短用户系统开发周期；读写器内部集成了高性能陶瓷天线，外形美观，采用 USB 接口，即插即用，使用轻巧方便。

SRR 1100U 超高频桌面读写器主要用于读写超高频标签数据，其主要功能有以下四点。

（1）声音提示。读写器提供标签读写蜂鸣器提示功能，对标签进行读写操作时可发出提示声。

（2）电源指示。设备右上角有红色 LED 作为供电工作指示。

（3）读写标签数据。可读写标签的各分区的数据字段。

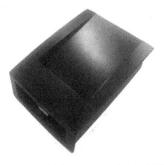

图 6-2-1 超高频 RFID 读卡器的外形

（4）二次开发。通过 USB 接口与控制器或 PC 相连，进行数据通信与交换；提供开发包，供用户进一步开发应用。

SRR 1100U 超高频桌面读写器的技术参数见表 6-2-1。

表 6-2-1 SRR 1100U 超高频桌面读写器的技术参数

供 电	USB 供 电
功率	<2.5W
天线极化方向	圆极化
工作频率	920～925MHz，跳频 250kHz
发射功率	15dbm
支持协议	EPC GEN2/ ISO 18000-6C
识别距离	>30cm
写数据距离	>5cm
接口模式	USB
工作寿命	>5 年
工作温度	−20～+60℃
工作湿度	小于 90%（非冷凝）
外形尺寸	10.8cm×7.8cm×2.8cm

2. 连接超高频 RFID 读卡器

连接超高频 RFID 读卡器的操作步骤主要有以下两步。

（1）用数据线将设备连接到计算机，正确连接后，设备会发出"滴滴"的声音（图 6-2-2）。

（2）安装设备驱动程序。运行"5.项目\驱动\CP210xVCPInstaller.exe"（图 6-2-3），单击"Install"按钮，安装 USB 转串口驱动程序（图 6-2-4）。安装成功后，可在计算机设备管理器中查看 COM 口状态（图 6-2-5）。

图 6-2-2　将设备与计算机相连

图 6-2-3　运行安装程序

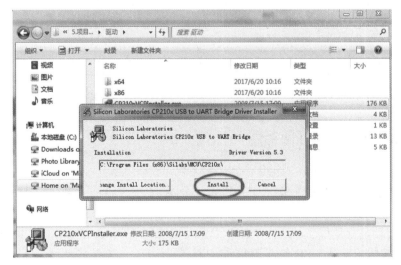

图 6-2-4　单击安装

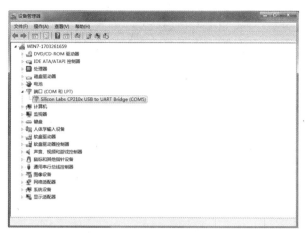

图 6-2-5　查看 COM 口状态

 动动手： 写出图 6-2-6 中各场景所应用的是什么类型的 RFID 技术。

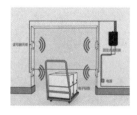

图 6-2-6　RFID 技术的实际应用案例

6.3　常用超高频 RFID 技术原理

6.3.1　RFID 系统的工作原理

RFID 系统的基本工作原理是：由读写器通过发射天线发送特定频率的射频信号，当电子标签进入有效工作区域时产生感应电流，从而获得能量，电子标签被激活，使得电子标签将自身编码信息通过内置射频天线发送出去。读写器的接收天线接收到从电子标签发送来的调制信号，经天线调节器传送到读写器信号处理模块，经解调和解码后将有效信息送至后台主机系统进行相关的处理。主机系统根据逻辑运算识别该电子标签的身份，针对不同的设定做出相应的处理和控制，最终发出指令信号控制读写器完成相应的读写操作。

从电子标签到读写器之间的通信及能量感应方式来看，系统一般可以分为两类：电感耦合（Inductive Coupling）系统和电磁反向散射耦合（Backscatter Coupling）系统。

电感耦合通过空间高频交变磁场实现耦合，依据的是电磁感应定律。该方式一般适用于中、低频工作的近距离 RFID 系统，典型工作频率有 125kHz、225kHz 和 13.56MHz。识别作用距离一般小于 1m，典型作用距离为 0～20cm。

电磁反向散射耦合基于雷达模型，发射出去的电磁波碰到目标后反射，同时携带目标信息，依据的是电磁波的空间传播规律。该方式一般适用于高频、微波工作的远距离 RFID 系统，典型的工作频率为 433MHz、915MHz、2.45GHz 和 5.8GHz。识别作用距离大于 1m，典型作用距离为 4～6m。

6.3.2　RFID 电子标签

电子标签又称射频标签、应答器，与读写器之间通过耦合元件实现射频信号的空间（无接触）耦合；在耦合通道内，根据时序关系，实现能量的传递和数据交换。

Alien 9662 电子标签是 UHF 超高频电子标签，属于远距离电子标签，读取距离一般为 5～7m。目前，这种电子标签多用在人行无障碍通道统计、门票、物流、仓储管理等领域。

1．Alien 9662 电子标签的基本参数

Alien 9662 电子标签的基本参数见表 6-3-1。

表 6-3-1　Alien 9662 电子标签的基本参数

项　　目		参数及相关信息		备　　注
名称		RFID 电子标签 UHF 超高频 6C 不干胶柔性标签 Alien9662 标签 70mm×18mm		
型号		DU9203/ALN-9662		
项目		描述		备注
制造商/芯片		Alien/Higgs3		
基材材质		PET		
天线制作方式		铝蚀刻		
天线尺寸		80mm×20mm		
符合标准		ISO/IEC 18000-6C EPC Class1 Gen2		
存储区	EPC 区	96bit	可读可写	
	TID 区	32bit	可读不可写	
	Unique TID 区	64bit	可读不可写	
	密码区	32bit 访问密码 32bit 毁灭密码	可读可写	
	用户区	512bit	可读可写	

续表

项　目	参数及相关信息		备　注
适用载波频率	860～960MHz		
工作模式	无源		
平均读取距离	1～5m	距离取决于读写器功率和天线大小，读写器天线与标签极化方向一致	
使用寿命	写 10 万次，数据保存 10 年		
标签尺寸	Dry Inlay 70mm×17mm Wet Inlay 74mm×22mm，（标签厚度 Inlay 均为 0.1～0.2mm）		
储存温度/湿度	−25～50℃/ 20%～90% RH		
操作温度/湿度	−50～60℃/ 20%～90% RH		
应用范围	衣服吊牌、包装箱、一般性物流、流水线生产、人员考勤等		

2．Alien 9662 电子标签的制作尺寸

Alien 9662 电子标签的制作尺寸见表 6-3-2。

表 6-3-2　Alien 9662 电子标签的制作尺寸

尺　寸	85mm×54mm×0.86mm
封装材料	160g 铜版纸
重　量	1.85kg±0.05kg/卷
	8.13kg±0.20kg/箱
数　量	1000pcs/卷×4 卷/箱

Alien 9662 电子标签印刷可选的工艺：① 油墨打印条码和数字；② 单色丝印图片和 LOGO。

3．Alien H3 电子标签的应用

BG-PL-1 型 RFID 电子标签采用目前最灵敏的 Alien H3 芯片，具有 64 位全球唯一 ID 号，结合商格（BizGridTM）的标签天线设计，在低功率下仍然可以提供足够的反射信号，以便在更大的范围上读取标签。BG-PL-1 型 RFID 电子标签的天线采用缝隙型设计，可以在更多 RFID 标签叠加时被有效读取，适用于单品级（item level）的应用场合。

6.3.3　电子标签的存储结构

从逻辑上来说，一个电子标签分为四个存储体，每个存储体可以由一个或一个以上的存储器组成，其存储逻辑图如图 6-3-1 所示。

1．保留内存

保留内存为电子标签存储密码（口令）的部分，包括灭活口令和访问口令，灭活口令和访问口令都为 4Byte。其中，灭活口令的地址为 00H—10H（以字为单位，字长 16bit）；访问口令的地址为 20H～30H。

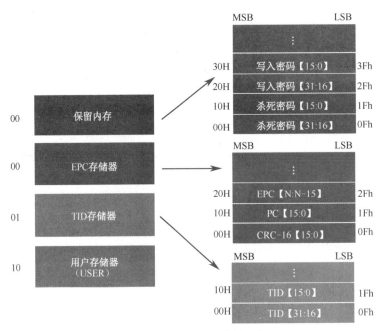

图 6-3-1 电子标签的存储逻辑图

2．EPC 存储器

EPC 为识别标签对象的电子产品码。EPC 存储在以 20H 存储地址开始的 EPC 存储器内，MSB 优先。EPC 存储器用于存储本电子标签的 EPC 号，每类电子标签（不同厂商或不同型号）的 EPC 号长度可能会不同。用户通过该存储器内容命令读取 EPC 号。EPC 存储器用于存储电子标签的 EPC 号、PC（协议-控制字）及这部分的 CRC-16 校验码。

CRC-16：存贮地址为 00H，共 2Byte（16bit），CRC-16 为本存储体中所存储内容的 CRC 校验码。

PC：电子标签的协议-控制字，存储地址为 10H，共 2BByte（16bit）。

EPC 号：若干个字，由 PC 的值来指定。

3．TID 存储器

TID 号是电子标签的产品类识别号，每个生产厂商的 TID 号都会不同。用户可以在 TID 存储器中存储产品分类数据及产品供应商的信息。一般来说，TID 存储器的容量为 4 Word（8Byte）。有些电子标签的生产厂商提供的 TID 存储器容量为 2 Word 或 5 word。用户在使用时，应根据自己的需要选用相关厂商的产品。

4．用户存储器

该存储器用于存储用户自定义的数据。用户可以对该存储器进行读、写操作。该存储器的长度由各电子标签生产厂商确定。每个生产厂商提供的电子标签，其用户存储器的容量会不同。存储容量大的电子标签会贵一些，用户应根据需要选择相应的电子标签，以降低成本。

动动手： 测试 SRR 1100U 超高频（UHF）桌面读写器识读 Alien 9662 电子标签的距离。

6.4 高频 RFID 与超高频 RFID 的应用比较

6.4.1 高频 RFID 技术与超高频 RFID 技术的发展

高频与超高频 RFID 技术的发展并不均衡，从技术发展程度上看，高频技术比超高频技术相对成熟一些。从 1995 年初步商业化开始，到今天的广泛、成熟的实际应用，高频技术取得了相当不错的成绩。与其他频段的 RFID 标签相比，高频 RFID 标签的生产量最大，厂商的投资回报率（ROI）也最高。通过不断的完善与改进，以高频 RFID 标签生产、数据协议共享和构造 RFID 应用为基础的学习曲线模型也已经建立。超高频技术则刚开始进入大规模应用阶段，其技术水平还没有达到成熟的地步，故超高频系统的价格较高，一般是高频系统的 10 倍左右。

从信号干扰方面看，高频和超高频 RFID 系统都非常依赖于读写器和标签之间的通信环境。不过，高频技术的近场感应耦合减少了潜在的无线干扰，使高频技术对环境噪声和电磁干扰（EMI）有极强的"免疫力"。而超高频技术应用电磁发射原理，因此更容易受到电磁干扰的影响。同时，金属会反射信号，水则能吸收信号，这些因素都会对标签产生干扰。虽然经过技术改进后的部分超高频标签（如 Gen2）在防止金属、液体的干扰方面性能优良，不过和高频标签相比，超高频标签仍稍逊一等，需要采用其他方法来弥补。

高频RFID技术：便宜，抗干扰
超高频RFID技术：速度快，距离远

从全球规范标准上看，国际标准化组织/国际电工委员会于 1999 年制定了 ISO/IEC 15693 标准，对高频 RFID 技术的实施进行了规范。13.56MHz 的高频波段成为在世界范围内有效的国际科学和医学（ISM）波段。在日本于 2002 年 12 月同意使用一致的高频频率后，其功率水平也在世界范围内得到了统一。超高频的标准却不那么统一，不同国家使用的频率也不尽相同。欧盟指定的超高频是 865～868MHz，美国是 902～928MHz，印度是 865～867MHz，澳大利业是 920～926MHz，日本是 952～954MHz，而中国等国家则还没有给超高频一个合适的频段范围，处于标准缺失状态。超高频频段的不统一造成的直接后果就是使试图建立全球供应链无缝链接的企业供应链链条断开。

从全球 RFID 功率要求上看，欧洲电信标准协会（ETSI）的 EN300-220 规范有两个主要的条款对超高频不太有利。其一是关于功率的限制，规定有效辐射功率为 500mW；其二是关于带宽的限制，结果是使读写器无法跳频，也限制了标签的反冲突仲裁速度。欧洲规范限制了超高频标签和读写器之间的信号调制，导致美国和欧洲系统的不一致性。

从实际应用的支持看，高频技术获得了大部分终端用户的好评。例如，零售供应商（主要是欧洲的大零售商）、大部分医药行业企业（如辉瑞和葛兰素史克）、几乎所有的图书馆及大部分的洗衣店都钟情于高频标签。除了在供应链托盘级和货箱级的广泛应用之外，高频技术也在单品级应用方面大显身手。单品级标签有自身的特别需求，当然这也是其独特的优势所在。例如，标签的体积必须足够小；标签之间互不干扰；抗液体、金属干扰的能力强；要保持较高的阅读准确率；识读距离短带来的隐私安全性好等。高频标签很好地满足了这些要求。超高频标签也有自己的用武之地，美国国防部及美欧大型零售商（如沃尔玛）就将超高频无源 RFID 标签作为食品和其他产品的包装箱及货盘标准化的 RFID 标签。沃尔玛还发布强制命令，要求其单品药品要全部采用超高频标签。虽然超高频技术在单品识别方面同样具有优势，不过其高价位还是让一些用户裹足不前，对它"爱不起来"。

6.4.2 超高频 RFID 的应用

超高频 RFID 的应用相当广泛，具有能一次性读取多个标签、识别距离远、传输数据速度快、可靠性高、寿命长、耐受户外恶劣环境等优点，可用于资产管理、生产线管理、供应链管理、仓储、各类物品防伪溯源（如烟草、酒类、医药等）、零售、车辆管理等。

（1）车辆收费。通过安装在车辆挡风玻璃上的车载电子标签与收费站 ETC 车道上的射频天线之间的专用短程通信，利用计算机连网技术与银行进行后台结算处理，从而达到车辆通过路桥收费站不停车就能交纳路桥费的目的。

（2）电子车牌。电子车牌是物联网技术的细分、延伸及提高的一种应用。在车辆上安装一枚电子车牌标签，将该 RFID 电子标签作为车辆信息的载体，在通过装有经授权的射频识别读写器的路段时，对该车辆的电子标签上的数据进行采集或写入，可实现所有车辆的数字化管理。

（3）产品防伪溯源。通过 RFID 技术在企业产品生产等各环节的应用，实现防伪、溯源、流通和市场的管控，保护企业品牌和知识产权，维护消费者的合法权益。

（4）仓储物流托盘管理。现有仓库管理中引入 RFID 技术，对仓库到货检验、入库、出库、调拨、移库移位、库存盘点等各个作业环节进行自动化数据采集，保证仓库管理各个环节数据输入的速度和准确性，确保企业及时准确地掌握库存的真实数据，合理控制企业库存。

（5）洗涤行业。在每一件布草上缝制一颗纽扣形（或标签形）的电子标签，直至标签可重复使用，但不超过标签本身的使用寿命。该标签采用硅胶封装技术，可以缝、热烫或悬挂在毛巾、服装上，用于对毛巾、服装类产品进行清点管理，超高频 RFID 技术将使得用户的洗衣管理变得更为透明，且提高了工作效率。耐高温洗衣标签广泛应用于纺织品工厂、布草专业洗涤和洗衣店等。洗衣标签耐高温，耐揉搓，主要用于洗衣行业追踪衣物洗涤情况等。

（6）服装管理。超高频 RFID 技术可在服装生产、品质检验、仓储、物流运输、产品销售等各个环节都实现信息化，为各级管理者提供真实、有效、及时的管理和决策支持信息，为业务的快速发展提供支撑。

（7）活禽管理。超高频 RFID 脚环（电子标签）赋予每只活禽一个唯一"身份证"，对活禽的种苗、检疫、宰杀、加工、销售进行溯源管理，有效保障活禽的食品安全。

（8）生猪溯源管理。合格的猪肉白条绑定射频识别溯源标签。出厂时，射频识别通道获取的猪肉代码与 RFID 溯源一体机获取的下游销售商的 RFID 身份卡信息自动关联，同时一体机也与电子秤连接获取重量，并打印溯源系统肉品交易凭证，将该批出厂肉品的溯源编码、重量、下游买家等信息同步上传至政府溯源监管系统中，每片猪肉对应唯一的商家或经营户，实现生猪溯源管理。

（9）轮胎管理。通过植入 RFID 电子标签，使得每条轮胎都成为有效的数据追溯载体，配合轮胎信息数据库，可以对轮胎全生命周期进行有效管理。

（10）智能巡检管理。应用 RFID 技术可以实现巡检工作的电子化、信息化和智能化，从而提高工作效率，保证电力设备的安全运行。它可用于对企业、独立变电站及集控站等的电力巡检中涉及的设备信息、巡检任务、巡检线路、巡检点及巡检项目进行定制和管理，实现巡检到位控制和缺陷管理的规范化，从而提高电力设备管理水平。

（11）机场行李管理。将 RFID 电子标签技术运用到航空包裹的追踪和管理，确保航空公司对乘客托运行李可进行追踪管理和确认，使乘客的托运行李和包裹安全准时到达目的地。

（12）资产管理。使用 RFID 电子标签对固定资产进行标识，利用 RFID 读写器采集数据，完成固定资产的日常管理和清查工作，实现对固定资产的使用周期、使用状态的全程跟踪及信息化管理。

（13）医疗器械。引入 RFID 电子标签追踪每一件医疗器械后，医院可以确保消毒的完整和彻底，避免院感风险，或者出现手术器械遗留在人体内的医疗事故发生。

（14）珠宝管理。RFID 珠宝管理系统中，RFID 电子标签具有唯一的 ID 号，因此将电子标签与珠宝个体一一对应后，通过对电子标签的识别，可实现对单件珠宝进行精确管理的目标。同时，超高频 RFID 电子标签具有多标签同时读取的特点，因此通过 RFID 珠宝管理系统的建设，可实现快速准确的货物盘点及珠宝资产的高效管理。

随着超高频 RFID 技术的日益成熟，它的未来会是怎么样的呢？在 2016 年 RFID 世界大会上，Alien 的全球产品经理甘泉先生以"零售行业的 RFID 应用难点及核心技术分析"为题发表了自己的看法，指出超高频 RFID 技术未来发展的三个主要方向：定位、加密、传感器集成。

值得关注的是，在快速增长的市场预期下，中国超高频 RFID 市场还存在着一定的制约因素。近两年来，超高频电子标签价格下降很快，但是从 RFID 芯片、读写器、电子标签、中间件、系统维护等整体成本来看，超高频 RFID 系统的价格依然偏高，而项目成本是用户权衡项目投资收益的重要指标。

NFC 的应用

引导案例：NFC 落地智慧城市

小新：陆老师，我的公交卡没带，您的卡可以借我用一下吗？

陆老师：用我的手机吧。

　　沉闷单调、一成不变的城市生活是时候改变了！NFC 技术终端可以帮你实现随时交付、信息查询，甚至可以变身为门钥匙。NFC 一路走来不断成长，从衣、食、住、行等方面，赋予城市信息交互共享的智慧，点亮城市生活的创意火花。

本章重点：

- 掌握 NFC 的特点；
- 掌握 NFC 系统的组成；
- 了解 NFC 的工作原理；
- 掌握 NFC 的使用方法。

7.1 NFC 技术

7.1.1 什么是 NFC

近场通信（Near Field Communication，NFC）是一种短距高频的无线电技术，运行频率 13.56MHz，有效距离小于 10cm。NFC 技术是由非接触式射频识别技术（RFID）及互联互通技术整合演变而来的，在单一芯片上整合感应式读卡器、感应式卡片和点对点的功能，能在短距离内与兼容设备进行识别和数据交换。目前，这项技术已被广泛应用，拥有 NFC 技术的手机可以用于机场登机验证、大厦的门禁钥匙、交通一卡通、信用卡、支付卡等（图 7-1-1）。

图 7-1-1 NFC 的应用

NFC 技术由 RFID 演变而来，其传输速度有 106 Kbps、212 Kbps 或 424 Kbps 三种。NFC 芯片具有相互通信功能，并具有计算能力，在 Felica 标准中还含有加密逻辑电路，MIFARE 的后期标准中也追加了加密/解密模块（SAM）。

NFC 采用主动和被动两种读取模式。

近场通信已成为 ISO/IEC IS 18092 国际标准、EMCA-340 标准与 ETSI TS 102 190 标准。NFC 标准兼容索尼公司的 FeliCaTM 标准，以及 ISO 14443 A、B（即飞利浦的 MIFARE 标准）。在业界简称为 TypeA，TypeB 和 TypeF，其中 Type A、Type B 为 MIFARE 标准，Type F 为 Felica 标准。

为了推动 NFC 的发展和普及，业界创建了一个非营利性的标准组织——NFC Forum，促进 NFC 技术的实施和标准化，确保设备和服务之间协同合作。NFC Forum 在全球拥有数百个成员，包括 NOKIA、SONY、Philips、LG、Motorola、NXP、NEC、Samsung、Intel，其中中国成员有魅族、步步高 vivo、OPPO、小米、中国移动、华为、中兴通讯、上海同耀等公司。

NFC Forum 的发起成员公司拥有董事会席位，这些成员公司包括 IIP、MasterCord、Microsoft、NEC、Nokia、NXP、Panasonic、Samsung、SONY 和 VISA 等。

7.1.2　NFC 发展历史

2003 年前后，当时的飞利浦半导体和 SONY 公司计划基于非接触式卡技术开发一种与之兼容的无线通信技术。飞利浦派了一个团队到日本和 SONY 的工程师一起闭关三个月，然后联合对外发布了一种兼容当前 ISO 14443 非接触式卡协议的无线通信技术，取名为 NFC（Near Field Communication）。

该技术规范定义了两个 NFC 设备之间基于 13.56MHz 频率的无线通信方式。在 NFC 的世界里，没有读卡器，没有卡，只有 NFC 设备。该技术规范定义了 NFC 设备通信的两种模式：主动模式和被动模式，并且分别定义了两种模式的选择和射频场防冲突方法、设备防冲突方法，定义了不同波特率通信速率下的编码方式、调制解调方式等最底层的通信方式和协议，即解决了如何交换数据流的问题。该技术规范最终被提交到 ISO 标准组织，获得批准成为正式的国际标准——ISO 18092，后来增加了 ISO 15693 的兼容，形成新的 NFC 国际标准 IP2——ISO 21481。同时，ECMA（欧洲计算机制造协会）也颁布了针对 NFC 的标准，分别是 ECMA340 和 ECMA352，对应的是 ISO 18092 与 ISO 21481，其实两个标准的内容大同小异，只是 ECMA 标准是免费的，可以在网上下载，而 ISO 标准是收费的。不过，为了促进标准化，ISO/IEC 18092：2013 和 ISO/IEC 21481：2012 版均可在 ISO 官方网站上下载到免费的电子版本。

为了加快推动 NFC 产业的发展，当时的飞利浦、SONY 和诺基亚等联合发起成立了 NFC Forum，旨在推动行业应用的发展，定义基于 NFC 应用的中间层规范，包括数据交换通信协议 NDEF 和基于非接触式标签的几种 NFC tag 规范（主要涉及卡片内部数据结构定义，NFC 设备（手机）如何识别一个标准的 NFC Forum 兼容的标签，如何解析具体应用数据等相关规范），目的是为了让不同的 NFC 设备之间可以互连互通。

7.1.3　NFC 的技术特征

与 RFID 一样，NFC 的信息也是通过频谱中无线频率部分的电磁感应耦合方式传递的，但两者之间还是存在很大的区别。首先，NFC 是一种提供轻松、安全、迅速的通信的无线连接技术，其传输范围比 RFID 小。其次，NFC 与现有非接触智能卡技术兼容，已经成为得到越来越多主要厂商支持的正式标准。再次，NFC 是一种近距离连接协议，提供各种设备间轻松、安全、迅速而自动的通信。与无线世界中的其他连接方式相比，NFC 是一种近距离的私密通信方式。

NFC、红外线、蓝牙同为非接触传输方式，它们具有不同的技术特征，可以用于不同的目的，其技术本身没有优劣差别。

NFC 手机内置 NFC 芯片，比仅作为标签使用的 RFID 增加了数据双向传送的功能，这个进步使其更适合用于电子货币支付，特别是 RFID 所不能实现的相互认证、动态加密和一次性钥匙（OTP），均能在 NFC 上实现。NFC 技术支持多种应用，包括移动支付与交易、对等式通信及移动中信息访问等。通过 NFC 手机，人们可以在任何地点、任何时间，通过任何设备，与他们希望得到的娱乐服务与交易联系在一起，从而完成付款，获取信息等。NFC 设备可以用作非接触式智能卡、智能卡的读写器终端及设备对设备的数据传输链路，其应用主要可分为以下四类：付款和购票，电子票证，智能媒体，交换、传输数据。

NFC等于是在手机上加入RFID读卡器与RFID的标签。

7.2 使用 NFC 读写器

1. 认识 NFC 读写器

如图 7-2-1 所示为 NFC 读写器，该产品的典型应用场合是：网上银行和网上购物、电子商务、电子钱包余额查询、网络访问、客户积分优惠、票务、停车场收费系统、自动收费系统、公共交通、门禁系统、考勤、自动贩卖机、非接触式公用电话、物流及供应链管理等。

图 7-2-1 NFC 读写器

2．NFC读写器的产品特性和技术规格

NFC读写器的产品特性如下：

① 符合ISO/IEC 18092（NFC）标准；

② 支持符合ISO 1443标准的A类和B类卡；

③ 非接触式智能卡读写器支持FeliCa卡、MIFARE卡（Classics，DESFire）；

④ 符合CCID标准；

⑤ 通过CE和FCC认证；

⑥ 通过RoHS认证；

⑦ 用户可控蜂鸣器（可选）；

⑧ SAM卡槽（可选）。

NFC读写器的技术规格见表7-2-1。

表7-2-1　NFC读写器的技术规格

外壳尺寸	98mm（长）×65mm（宽）×13mm（高）
重量	70g
接口	USB全速
操作距离	最大5cm
工作电压	额定电压5V直流
工作电流	200mA（工作）；50mA（待机）；100mA（常规）
工作温度	0～50℃
工作频率	13.56MHz
标准/认证	ISO14443 1-4，CE，FCC，RoHS Compliant
支持系统	Windows 98，Windows ME，Windows NT，Windows 2000，Windows XP，Windows 2003，Windows Vista，Windows XP x64，Windows 2003 x64，Windows Vista x64，Linux

3．连接NFC读写器

使用NFC读写器的数据线将设备连接到计算机，正确连接后，设备上的指示灯红灯亮，当有高频卡或NFC设备靠近时，指示灯绿灯亮，如图7-2-2所示。

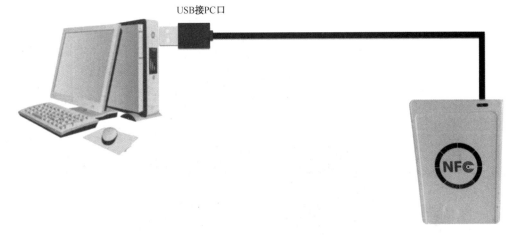

图7-2-2　连接NFC读写器

动动手：利用网络查询市面上带有 NFC 功能的手机，将型号与品牌写在下列横线中。

品牌：_____　型号：_____

品牌：_____　型号：_____

品牌：_____　型号：_____

品牌：_____　型号：_____

7.3 NFC 工作模式

NFC 有三种工作模式：卡模式、读写器模式和点对点模式。

（1）卡模式

这个模式相当于一张采用 RFID 技术的 IC 卡，可以在商场刷卡、公交卡、门禁管制，车票，门票等场合替代 IC 卡，用户只要将手机靠近读写器，然后输入密码确认交易或直接交易即可。此种模式有一个极大的优点，那就是卡片通过非接触式读写器的 RF 域来供电，寄主设备（如手机）没电时也可以工作。在该模式下，NFC 识读设备从具备 tag 功能的 NFC 手机中采集数据，然后将数据传送到应用处理系统进行处理。

（2）读写器模式

即作为非接触式读写器使用，如从海报或展览信息电子标签上读取相关信息。在该模式下，具备读写功能的 NFC 手机可从 tag 中采集数据，然后根据应用的要求进行处理，有些应用可以直接在本地完成，而有些应用则需要通过与网络交互才能完成。基于该模式的典型应用包括电子广告读取和车票、电影院门票售卖等。例如，在电影海报或展览海报背面贴上 tag 标签，用户可以利用支持 NFC 协议的手机获得详细信息或立即联机购票。读写器模式还能用于简单的数据获取，如公交车站站点信息、公园地图等信息的获取。

（3）点对点模式

这个模式和红外线差不多，可用于数据交换，只是传输距离较短，传输创建速度较快，传输速度也快些，功耗低（类似蓝牙）。将两个具有 NFC 功能的设备连接，能实现数据点对点传输，如下载音乐、交换图片或同步设备地址薄。因此通过 NFC，多个设备（如数码相机、PDA、计算机和手机）之间可以交换资料或服务。

7.4 NFC 技术原理

7.4.1 NFC 工作原理

NFC 的基本工作原理是：支持 NFC 的设备可以在主动或被动模式下交换数据。

在被动模式下，启动 NFC 通信的设备，也称 NFC 发起设备（主设备），在整个通信过程中提供射频场（RF-field），它可以选择 106Kbps、212Kbps 或 424Kbps 其中一种传输速度，将数据发送到另一台设备。另一台设备称为 NFC 目标设备（从设备），不必产生射频场，而是使用负载调制（load modulation）技术，即可以相同的速度将数据传回发起设备。此通信机制与基于 ISO 14443A、MIFARE 和 FeliCa 的非接触式智能卡兼容，因此，NFC 发起设备在被动模式下，可以用相同的连接和初始化过程检测非接触式智能卡或 NFC 目标设备，并与之建立联系。

在主动模式下，启动 NFC 通信的、发起设备和目标设备均提供射频场，发起者按照选定的传输速度开始通信，发送初始命令给目标设备，目标设备接收到命令后，经处理，发送应答信号返回给发起者，如图 7-4-1 所示。

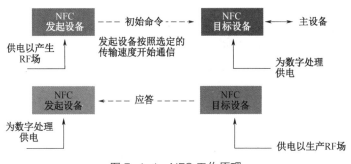

图 7-4-1　NFC 工作原理

7.4.2　NFC 与 RFID 的区别

（1）NFC 将非接触式读写器、非接触卡和点对点功能整合在一块芯片中，而 RFID 必须由读写器和标签组成。RFID 只能实现信息的读取及判定，而 NFC 强调信息交互。通俗来说，NFC 就是 RFID 的演进版本，双方可以近距离交换信息。NFC 手机内置 NFC 芯片，组成 RFID 模块的一部分，可以当作 RFID 无源标签使用进行支付费用；也可以当作 RFID 读写器，用于数据交换与采集，还可以进行 NFC 手机之间的数据通信。

（2）NFC 传输范围比 RFID 小，RFID 的传输范围可以达到几米、甚至几十米，但由于 NFC 采用了独特的信号衰减技术，相对于 RFID 来说，NFC 具有距离近、带宽高、能耗低等特点。

（3）应用方向不同。NFC 多针对消费类电子设备间的相互通信，有源 RFID 则更擅长于长距离识别。

随着互联网的普及，手机作为互联网最直接的智能终端，必将引起一场技术上的革命，如同以前的蓝牙、USB、GPS 等标配，NFC 将成为日后手机最重要的标配，将在日常生活中发挥更大的作用。

7.4.3　NFC 与传统技术的比较

NFC 和蓝牙（Bluetooth）都是短程通信技术，而且都被集成到移动电话中。但 NFC 不需要复杂的设置程序。

NFC 的短距离通信特性正是其优点，由于耗电量低、一次只和一台机器连接，拥有较高的保密性与安全性，NFC 有利于保障信用卡交易时的安全问题（图 7-4-2）。NFC 的目标并非是取代蓝牙等其他无线技术，而是在不同的场合、不同的领域起到相互补充的作用。

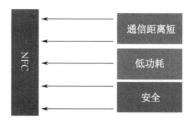

图 7-4-2　NFC 的特性

表 7-4-1　NFC 与蓝牙、红外的比较

	NFC	蓝　牙	红　外
网络类型	点对点	单点对多点	点对点
使用距离	≤0.1m	≤10m	≤1m
速度	212 Kbps、424 Kbps、868 Kbps、721 Kbps、115 Kbps	2.1 Mbps	～1.0 Mbps
建立时间	<0.1s	6s	0.5s
安全性	具备，硬件实现	具备，软件实现	不具备，使用 IRFM 时除外
通信模式	主动-主动/被动	主动-主动	主动-主动
成本	低	中	低

动动手： 在下方横线处填写生活中 NFC 的应用。

_____、_____、_____、_____

7.5　公交支付系统

7.5.1　连接设备

将超高频读写器 USB 线连接到计算机 USB 口，鼠标右键单击"我的电脑"图标，单击"管理"选项，打开"计算机管理"操作界面（图 7-5-1），查看设备连接是否正常。

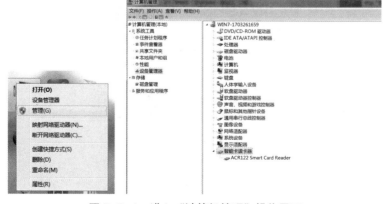

图 7-5-1　进入"计算机管理"操作界面

7.5.2 使用软件

（1）运行软件

运行项目七目录中公交支付系统"BusPaySys.exe"应用程序。

正常运行界面如图 7-5-2 所示。

图 7-5-2 公交支付系统界面

（2）添加用户

测试公交支付系统，将表 7-5-1 中的用户信息写入高频卡中，操作如图 7-5-3 和图 7-5-4 所示。

表 7-5-1 用户信息

身　份　证	姓　　名	预充余额（元）
350123198112261222	杨老师	100
350103198911123923	林老师	200
350103198011123923	郑同学	123
350102197501040431	王五	1000

图 7-5-3 添加用户操作界面

图 7-5-4 添加成功提示界面

（3）刷卡

为了测试该公交支付系统的稳定性，杨老师决定每天上、下午各进行一次刷卡操作，连续操作 3 天。

模拟杨老师进行刷卡操作（图 7-5-5、图 7-5-6）。

图 7-5-5 公交支付系统操作界面

图 7-5-6 刷卡成功提示界面

（4）用户管理

查看杨老师连续三天测试后卡里所剩的余额，如图 7-5-7 所示。

身份证	姓名	余额	操作	
350582199201242050	陈小东	125	充值	删除
350123198112261222	杨老师	94	充值	删除

图 7-5-7 用户管理操作界面

（5）充值

软件中设有两种充值模式，分别为最高权限充值和在刷卡的情况下充值。

① 最高权限充值，不用刷卡直接往数据文件中写入信息。

使用最高权限充值的方式（用户管理界面中充值），将杨老师的余额改成 100 元，如图 7-5-8 和图 7-5-9 所示。

图 7-5-8　充值操作界面

图 7-5-9　充值成功提示界面

② 使用刷卡的方式进行充值，将杨老师的余额充值为 150 元，如图 7-5-10、图 7-5-11 和图 7-5-12 所示。

图 7-5-10　公交支付系统操作界面

图 7-5-11　充值操作界面

图 7-5-12　充值成功提示界面

7.6　NFC 的应用

7.6.1　NFC 在企业中的应用

各种有意使用智能手机作为下一代门禁卡的机构正在对 NFC 进行技术测试，这是一种理想的企业应用。2011 年秋，黑莓手机制造商 RIM 和安全门禁卡、读卡器提供商 HID Global 宣布，RIM 的一部分新生产的黑莓手机将配备 HID Global 的 iCLASS 数字证书。配置 NFC 的黑莓 Bold 和 Curve 型号的手机都能兼容 HID Global 的 iCLASS 读写器，这些读写器被广泛用于建筑门禁系统、学生 ID 读写器、追踪员工签到和出勤。

员工还可以利用 NFC 智能手机和其他设备进入员工停车场或食堂，并支付费用。NFC 标签可以被放置在会议室内部，与会者可以在标签前挥动自己的手机使其静音或打开 Wi-Fi。

7.6.2　NFC 在政府部门的应用

政府可以利用 NFC 来改善公共服务。一些城市已经开始使用 NFC 为居民提供更好的服务和改善生活质量。NFC 技术的出现让用户可以用智能手机或移动设备支付车费、进入停车场、进入游泳池或图书馆等公共设施。

法国移动非接触式协会（AFSCM）在 NFC 服务方面处于领先地位，据该组织讲，法国是欧洲 NFC 手机用户最多的国家。法国的"Cityzi"服务使该国某些地方的用户可以通过快速扫描手机进入火车站，还可以在随处可见的 NFC 标签上挥动设备获取地图、产品信息或服务。圣佛朗西斯科市有约 3 万个 NFC 兼容的停车计时器，澳大利亚悉尼使用 NFC 标签来引导岩石区的游客。

7.6.3　NFC 在零售购物中的应用

NFC 可以通过结合无线优惠券、会员卡扩展和提升现代购物体验。消费者可以用个人应用程序扫描产品货架上的 NFC 标签，获得关于该产品更加个性化的信息。举个例子，如果你对坚果过敏，通过扫描产品，你的 NFC 设备能自动检测出该产品是否含有坚果并做出提醒。通过触碰 NFC 标签来获得信息、增加到购物篮、获得优惠券和其他新的用途将对零售业产生越来越大的影响。

NFC 改变购物体验的一个奇特例子来自广告公司 Razorfish 的"数字口香糖机"。用户只需要向机器里投进硬币并用 NFC 兼容设备对它挥动一下，就能选择各种数字产品，包括下载歌曲、电影、电子书和用于特定场所的优惠券。

7.6.4 NFC 在市场营销中的应用

NFC 技术对于现代市场营销有着深远的影响。例如，用户只须用 NFC 手机在 NFC 海报、广告牌或电影海报上挥一挥，就可以立即获得产品或服务的信息。

商家可以把 NFC 标签放在店门口，那么用户就可以自动登录 Foursquare 或 Facebook 等社交网络、和朋友分享好物。比利时的 Walibi 游乐园推出了首个 NFC 系统，名为"Walibi Connect"，用户可以扫描 NFC 腕带来自动发送更新或喜欢的活动和景点到 Facebook 网页。在食品服务方面，酒吧和餐馆可以从一家名为 Radip NFC 的供货商订购 NFC 杯垫和其他促销材料，顾客扫描它们可以获得该店或广告商的更多信息。

7.6.5 NFC 在设备共享中的应用

NFC 还可以作为一种短程技术，当几部设备离得非常近的时候，在这些设备中传递文件和其他内容。这项功能对于需要协作的场所非常有用，如分享文件或多个玩家进行游戏。

三星推出的一款具有 NFC 功能的手机 Galaxy S III，具有一个名为 Android Beam 的功能，其他一些 NFC 安卓手机也具有该功能，它可以通过 NFC 在几部兼容设备间传递数据。一款安卓虚拟扑克游戏 Zynga 就是利用基于 NFC 的 Android Beam 功能让用户将智能手机或设备互相接触，实现多玩家在线游戏。

7.6.6 NFC 在安防领域中的应用

NFC 是一项适用于门禁系统的技术，这种近距离无线通信标准能够在几厘米的距离内实现设备间的数据交换。NFC 还完全符合管理非接触式智能卡的 ISO 标准，这是其成为理想平台的一大显著特点。通过使用配备 NFC 技术的手机携带便携式身份凭证卡，然后以无线方式由读卡器读取，用户只要在读卡器前出示手机即可开门。

NFC 虚拟凭证卡的最简单模式就是复制现行卡片内的门禁原则。手机将身份信息传递给读卡器，后者又传送给门禁系统，最后打开门。这样，无须使用钥匙或智能卡，就可提供更安全、更便携的方式来配置、监控和修改凭证卡安全参数，这不仅消除了卡被复制的风险，而且还可在必要时临时分发凭证卡，若卡丢失或被盗后也可取消凭证卡。

瑞典 Clarion Hotel Stockholm 酒店参加了虚拟门禁应用初期测试，该试点项目于 2011 年 6 月结束。该酒店与 HID Global 的母公司 Assa Abloy、Choice Hotels Scandinavia、Telia Sonera、Ving Card Elsafe 和 Giesecke&Devrient（G&D）合作，将客房钥匙替换为可发送到客人 NFC 手机上的数码钥匙。

在 Clarion 酒店测试期间，客人可以使用自己的手机进入房间。参与测试的客人均获得了一部安装 Assa Abloy Mobile Keys（移动钥匙）软件的三星 NFC 手机。在到达酒店之前，客人手机收到包含入住登记位置和电子客房钥匙的短信。这样一来，客人可以省掉排队等候入住的环节，直奔客房，在房门口，只须在门锁前出示手机即可打开门。退房时，客人只需要用手机轻触大厅自助服务终端即可，这又节省了前台人工办理时间。

对 Clarion 酒店测试后开展的跟踪调查显示，60%的受访者称使用数码钥匙解决方案节省了 10 多分钟的时间，而 80%的受访者表示如果可使用该方案，则会选用。除了节省卡片的费用外，该酒店还在其他多个方面获益匪浅，例如，减少办理入住登记的人力资源，可调配更多人员解决其他的客服问题。此外，钥匙的更换、丢失问题也变得更容易解决了。

7.6.7 NFC 技术在手机上的应用

NFC 技术在手机上的应用主要有以下五类（图 7-6-1）。

图 7-6-1 NFC 在手机上的应用

（1）接触通过（Touch and Go），如门禁、车票和门票等，用户将存储票证或门控密码的设备靠近读卡器即可，也可用于物流管理。

（2）接触支付（Touch and Pay），如非接触式移动支付，用户将设备靠近嵌有 NFC 模块的 POS 机可进行支付。

（3）接触连接（Touch and Connect），如把两个 NFC 设备相连接，进行点对点（Peer-to-Peer）数据传输，可下载音乐、图片互传和交换通信录等。

（4）接触浏览（Touch and Explore），用户可将 NFC 手机靠近街头有 NFC 功能的智能广告或海报来浏览所需的信息等。

（5）下载接触（Load and Touch），用户可通过网络接收或下载信息，用于实现支付或门禁等功能，例如用户可发送特定格式的短信至家政服务员的手机，来控制家政服务员进出住宅的权限。

7.7 打开手机 NFC 的功能

7.7.1 支持 NFC 功能的手机

支持 NFC 功能的手机越来越多，如三星、联想、华为、小米等。

7.7.2 打开手机 NFC 功能

首先打开手机，在手机桌面打开"设置"界面，如图 7-7-1 和图 7-7-2 所示。

各品牌手机的"设置"界面有所不同，NFC 的设置通常在"网络和连接"菜单中的"更多连接方式"中，如图 7-7-2 所示。

图 7-7-1　手机桌面

图 7-7-2　打开"设置"界面

进入"更多连接方式"子菜单后可以看见 NFC 功能的开启按钮，向右滑动即可打开 NFC 功能，如图 7-7-3 所示。

开启 NFC 功能后，进入 Android Beam 界面（图 7-7-4，图 7-7-5），不仅能和另一部支持 NFC 的手机相互传送文件，还可以使用支持 NFC 芯片的公交卡、地铁、刷卡、支付宝读取等功能，前提是你所在地的运营商已经支持 NFC 应用。刷具有 NFC 功能的卡时，会出现卡片信息（图 7-7-6）。

图 7-7-3　开启 NFC 功能

图 7-7-4　进入 Android Beam 界面

图 7-7-5　开启 Android Beam

图 7-7-6　读取卡片信息

反侵权盗版声明

电子工业出版社依法对本作品享有专有出版权。任何未经权利人书面许可，复制、销售或通过信息网络传播本作品的行为；歪曲、篡改、剽窃本作品的行为，均违反《中华人民共和国著作权法》，其行为人应承担相应的民事责任和行政责任，构成犯罪的，将被依法追究刑事责任。

为了维护市场秩序，保护权利人的合法权益，我社将依法查处和打击侵权盗版的单位和个人。欢迎社会各界人士积极举报侵权盗版行为，本社将奖励举报有功人员，并保证举报人的信息不被泄露。

举报电话：（010）88254396；（010）88258888

传　　真：（010）88254397

E-mail：　dbqq@phei.com.cn

通信地址：北京市万寿路 173 信箱

　　　　　电子工业出版社总编办公室

邮　　编：100036